DOLL HOUSE

袖珍屋製作入門

昭和通商店街

我們一直在這條路上埋頭努力著。

電線桿、道路製作：小島隆雄

家常菜◎河合惣菜店

河合行雄、河合朝子、ASAMI

　在上午的時候，家常菜店總是擺滿從一大早就準備完成的各式家常菜，以應付尖峰時段客人的到來。家常菜店的2樓是老闆一家人的住所，當天賣剩的商品便成為全家人的員工餐，對照當時的日常飲食生活，菜色算是相當奢華。

瀝油前看起來熱騰騰的可樂餅（→P56）。

處於烹調階段的廚房。客人可以購買到現點現做的可樂餅，當時的店家大多會使用木片來包裝外帶的食物。在夏天蚊蟲較多的季節，店門口會擺放蚊香（製作方式→P57、58）。拆掉杯墊後製作成店面的竹簾。

製作食物時，最後要塗上清漆或樹脂以呈現光澤，強調食物的美味外觀。尤其是在製作日式料理時，使用加入極少量橘色的樹脂來表現醬油色，是非常有效的方式。

老闆一家人正在2樓吃飯。由於當時的電視屬於奢侈品，很多家庭都會用布套蓋住電視加以保護。

在店門口販售新鮮蔬菜與剛產出的雞蛋（蔬菜的製作方式→P50～）。

由於店門布簾的原始布料欠缺重力感，在製作皺摺後塗上經過稀釋的木工接著劑，讓布料變硬。懸掛在屋簷下的懷舊帶狀捕蠅紙（製作方式→P57）是餐飲店的必備工具。

花店◎花市生花店
宮崎由香里

　建於昭和2年的「花市生花店」是真實存在的建築（目前已遷移到江戶東京建築園保存）。

　我製作了四季七草等各式植物，在製作過程中發現到陳列這些花卉的舞台，其實是一棟現代風格設計的建築。

請認識的人幫忙用3D列印的方式製作雨傘，並組裝塑膠棒製成傘架。

建築立面裝設了銅板材質的四季花草裝飾浮雕，呈現出立體感，在此以堆積黏土的方式製作。
以切割機將文字切割成數片，拼貼文字後製成建築正面的「花市生花店」招牌字樣。接著以黏土製作部分模具，以翻模的方式製作字樣後方的幾何圖案。

鍍鋅鐵皮材質附蓋畚箕為掀蓋式設計。使用塗裝紙板製成，以呈現鍍鋅鐵皮的質感。（製作方式→P35）

在櫥窗陳列了「秋之七草」，萩花、桔梗、葛花、白頭婆、黃花敗醬草、尾花（芒草）、石竹屬、大理花等季節性花朵，等待客人的造訪。
當時的花店通常會以銅桶當作花瓶（大理花的製作方式→P34）。

和菓子屋◎御菓子司 鳴海餅

田口裕子

只要遇到值得祝賀的日子或節慶，客人就會預定紅豆飯，和菓子屋總是忙得不可開交。客人到店裡購物後，往往難以抵抗御手洗糰子的誘惑，因此可見客人品嘗御手洗糰子的風景。

到了6月，店家趕在夏天正式來臨之前販售水饅頭及豆大福，店內擺滿了傳承古早味道的傳統和菓子。

敲達摩玩具也是以木頭手工製作而成。

注意別讓和菓子的色澤過於鮮艷，在塗料中加入微量的生褐色，能呈現高雅的色澤。活用清漆或各類黏土的特性，營造質感的差異。（質感的差異→P39）。

用顏料將顆粒狀的花藝用花芯染色，製成紅豆飯。呈現剛蒸好的紅豆飯被盛裝於木盒中。

御手洗糰子的香氣洋溢在店門口，吸引客人前來。御手洗糰子的烤色各有不同，當客人點餐後，會看到店家用燒紅的木炭接連不斷地烤御手洗糰子的景象（製作方式→P36）

用無洞串珠製作糖果，並使用紙材質的繡球花零件組擺放在櫥窗上。

在紙板貼上印有設計字樣的紙張，經過舊化步驟製作琺瑯招牌，磨圓招牌的四角營造立體感，使其更真實。
使用竹編圖案的印刷紙製作竹籃，竹掃帚是使用真實的掃帚材料製作而成（製作方式→P63）。

日用雜貨、懷舊零食◎スガイ商店

ゆりこ

女用日用品、家庭雜貨,到深受兒童喜愛的懷舊零食等,無論大人與小孩,雜貨店可說是居民經常造訪的場所。負責顧店的婆婆親切地跟客人打招呼:「喝杯茶休息一下吧。」自然地進入愉悅的聊天時間。商店內部的房間是居住空間,為住商混合的形態。

掃帚(製作方式→P62)、蒼蠅拍、懷舊零食等商品擺滿店內。使用網狀折紙來製作蒼蠅拍的網子部分。

運用紙箱的單面波紋(楞)形狀製作浪板屋頂,再用壓克力顏料塗裝,並用油性蠟筆呈現出舊化外觀。最後噴上茶色噴漆,加強表面帶有灰塵的感覺。

客人在此與婆婆喝茶小歇片刻,度過悠閒的時光。

婆婆的居住空間。長年使用的老舊小豬蚊香爐依舊健在,帶有夏天的氣息(製作方式→P60)。
在櫥櫃下方墊報紙,避免櫥櫃因不平而鬆動。掛鐘宣告著清晨的開始(製作方式→P63)。

懷舊零食店◎朝日商店

岸本加代子、安田隆志

回老家時，最常造訪的就是小時候每天都會光顧的懷舊零食店。懷舊零食店至今依舊保持原本的面貌，是兒童遊憩的場所。

在玩得全身滿是泥巴的夏日，一群棒球隊男孩會在這裡喝彈珠汽水休息片刻；女孩穿著時髦的鞋子，提著漂亮的竹籃，很有淑女的氣質。

本作品的建築及冰淇淋由安田先生製作，小物品由岸本小姐製作。

頑皮的女孩隨興地脫下時髦的鞋子（製作方式→P43），她帶著竹籃（製作方式→P40）要去哪裡玩呢？行李箱為真皮材質，是可以開關的設計（製作方式→P45）。

在建築側面掛有「務必成功舉辦萬國博覽會」EXPO70的贊助文宣，即使萬國博覽會結束了，在各地依舊可見這份文宣。
立上「昭和通商店街」宣傳看板的紅色電話與電話架，是由安田先生製作；種類繁多的懷舊零食則為岸本小姐的作品。

除了經營懷舊零食店，販售香菸也是商店的主要營業項目。婆婆顧店時會透過窗口販售。

1970年，日本舉辦日本萬國博覽會時，在會場的象徵性區域建造了作為主題館的太陽之塔。不知是伴手禮還是實地去過萬國博覽會，婆婆自豪地在商店櫥窗內擺放了紀念品。

診所◎福田醫院

ふるはしいさと

遙想昭和時代，心中不知為何浮現出晚夏的風景。本作品以「夏天的痕跡」為題。來到診所後方，會發現某人忘記帶走的捕蟲網，顯得孤零零，也許是少年的物品吧。

我想透過作品表達夏末帶有寂寞感的情景。

捕蟲網與水桶。水桶被擺放在此應該有一段時間了，裡頭可見落葉。

先製作配置在左後方的白色藥品櫃，並從該區域開始進入製作診所內其他物件。

以金屬蝕刻的手法製作櫃子把手的鏽蝕外觀，再敲打金屬增加立體感。

將拆解立體透視模型專用的雜草或麻繩黏在建築外圍的路面。石頭是在自家附近河邊撿來的實物。

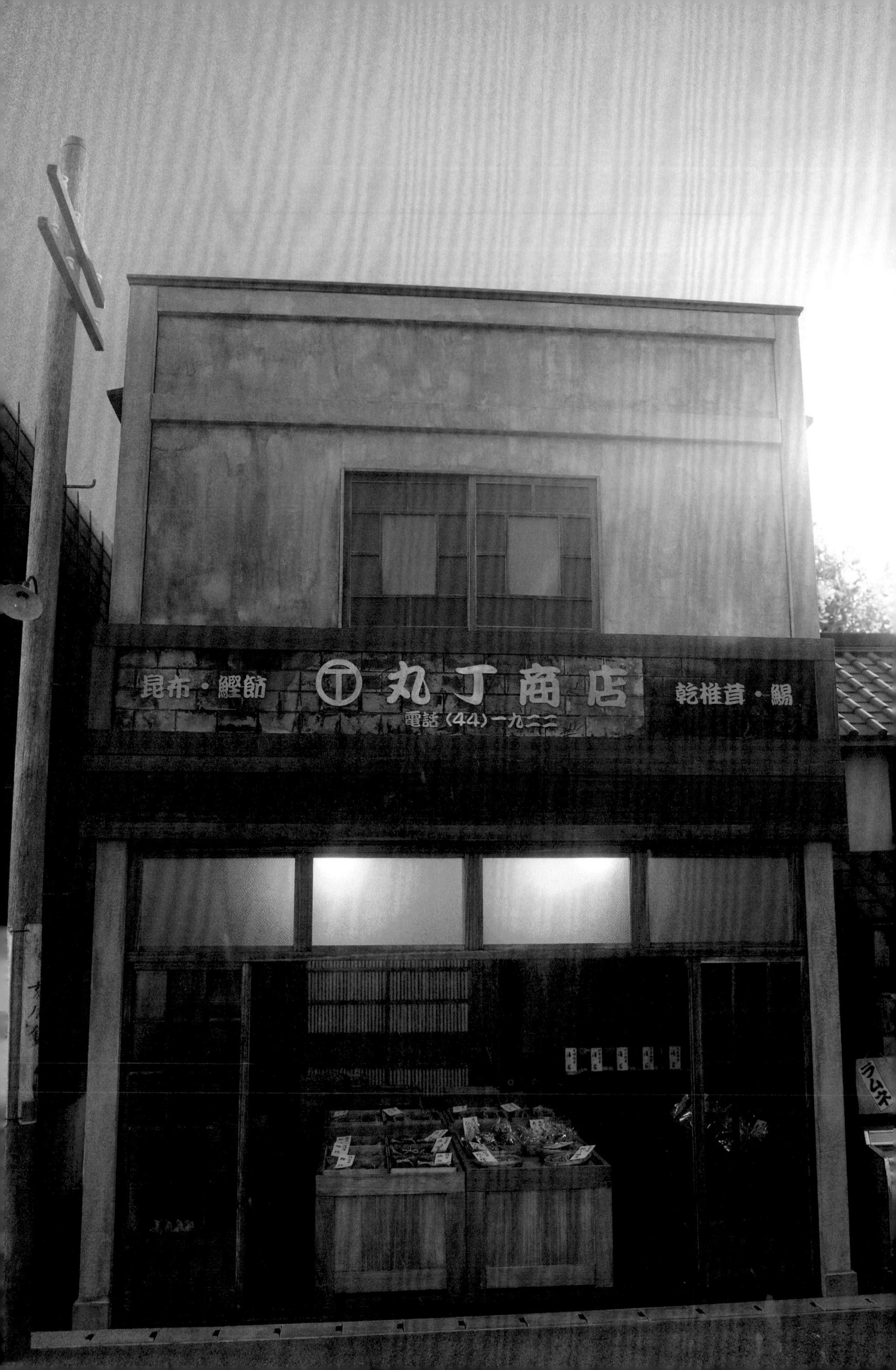
昆布・鰹節
丸丁商店
電話(44)一九二二
乾椎茸・鯣

店裡的後方有一個加高的空間，老闆在此接待客人。用染黑液替重要的金屬保險箱染色，表現出塗裝難以呈現的厚重色調（染黑液→P65）。

乾貨店◎丸丁商店

ふるはしいさと

丸丁商店是一間歷史悠久的乾貨店兼批發商，店內除了販售日常乾貨，還有作為禮品、廣受歡迎的海苔、昆布、柴魚片等。

招牌正面以砂漿和銅板覆蓋並裝飾，後側為鐵皮屋頂結構。這家商店守護著蘊含前人智慧的乾貨文化。

以翻模的方式製作魷魚乾與豆類，用紙張製作海苔，昆布則是以黏土製作而成。黏著撕裂的風箏線後，用來捆綁魷魚乾，並製作削柴魚片器等刀具。

請專家用金屬蝕刻的方式製作店家招牌，浮現立體的字樣，十分吻合老店的門面風格。此外，同樣使用染黑液染黑文字背景的銅板。

酒商◎信州こもろ酒店

土屋 靜

　專門販售兵庫縣灘地區出產之灘酒的特約商店，各種酒類相當齊全，可以感受到老闆的堅持。本作品呈現過了下午5點的黃昏酒商風景，吸引著嗜酒的男人們聚集。他們在下班的路上，受到香醇日本酒的誘惑，接著順道前往公共澡堂，最後踏上歸途。

　由於無法頻繁造訪流行的酒館、風俗咖啡廳、居酒屋，於是順路來到這裡，享受「站著喝」的樂趣。

上）舊式冰櫃靜靜地佇立於店後一角。即使在那個時代也很難見到類似的懷舊冰櫃，這訴說著酒商的悠久歷史。

左下）尚年輕的兒子買了一台剛上市的Honda Super Cub 110cc機車，他對父親說：「老爸，我從今天開始幫忙送貨吧！」未來這間店應該會由兒子繼承吧。將和紙印上圖案後貼上內襯，製作掛在機車上的商用圍裙，並塗上麗可得（Liquitex）的亮光塗料，製作商用圍裙的皺摺以增添真實質感。

在店後方可見通往2樓房間的樓梯（製作方式→P26）。

來到店家後方，可見牆壁貼有禁止小便的鳥居圖案告示，但還是會遇到不守規矩的人。混合水性清漆與墨汁完成牆壁的塗裝，由於混有墨汁，清漆的顯色更佳。

店面一角擺滿了一升瓶的木箱（製作方式→P25），客人喝酒時幾乎是貼著彼此的肩膀。真男人會一口氣把酒喝光，不會在此久待。

除了日本酒，這裡還販售味噌、醬油、鹽等產品，雖然是特約商店，但只販售酒類無法長久生存，得多角化經營才行。

刻出滑軌，讓玻璃拉門可自由開關，以框組的方式製作拉門（製作方式→P28）。在飲料販賣機與塑膠啤酒瓶箱逐漸普及的時代，這間酒商似乎才剛採用這些設備，外觀看起來很新。

公共澡堂◎松乃湯

シック・スカート

　傍晚的公共澡堂，結束一天工作的男女聚集於此，顯得相當熱鬧，宛如城鎮的社交場所。

　因關東大地震的災後重建，國家傾注全力打造基礎建設，公共澡堂建築就是其中之一。技藝高超的宮大工（從事神社佛閣的建築、補修工作的木工）建造了「唐破風」式神社建築，想藉由澡堂提振百姓的精神，這也是公共澡堂樣式的起源。

　各位小時候有沒有被半開的澡堂鞋櫃門打到頭的經驗呢？

在入口使用燈泡色燈光，內部的更衣室使用實用性螢光色燈光，強調空間的深度。製作鞋櫃時，用圓盤在裝飾用合板上割出淺溝槽，再貼上竹筷，以強調鞋櫃的格狀外觀。將鉛板加工製成鎖頭，並使用水貼紙製作上頭的文字。

黏合麻繩與鐵絲外框製成地墊。使用環氧樹脂製作店門布簾，以表現出布料自然的重量感（製作方式→P33）。

採入母屋造與唐破風樣式屋頂，屋頂瓦片是使用紙張製作的（製作方式→P30）。在冷凍板底板貼上鉛板，製成唐破風屋頂，並塗上青綠色塗料製造舊化效果，營造銅製的氣氛。

用綠色塑膠纏線製作水管，礙於塑膠纏線的張力難以塑形，於是用水桶擋住水管前端，呈現自然的外觀。選用鉛製水桶。

從遠處也能清楚看見碩大的「松乃湯」招牌。此招牌採用內建光源式合成樹脂，使用蓋上毛玻璃燈罩的LED燈泡，營造柔和的光線。入口為玻璃磚樣式，用刻線鑿刀在壓克力板刻出線條，塗上塑形膏後，再擦掉多出的塑形膏。用木頭材料裝設壓克力板的窗框後，再從內側滲入UV膠，表現玻璃的波浪外觀。

用壓克力板製作的入口處附帶把手的玻璃門充滿昭和氣息。運用管材與鐵絲，開關大門時更為流暢。以槽縫的方式加工每片金屬，經過組裝後製成建築的銅板。由於施加了生鏽塗裝，外觀會隨著時間老化。通風管也是金屬材質。選用香港製的細紋布料與荷蘭製磁磚，製作外部裝潢。

餐館◎中華飯店

河合行雄、河合朝子、ASAMI

以銅板建築構成的中華料理店。店內可見攜家帶眷享用晚餐的家庭，以及坐在吧台一邊預測賽馬結果一邊用餐的單獨客人，顯得十分熱鬧。部分客人還要外帶肉包或煎餃，廚房簡直忙翻天了。

店內貼有「來看彩色的東京奧運吧」的廣告海報，但店裡已經擺放了一台彩色電視機，有吸引客人上門的效果。

2樓的包廂保留給預約的客人。

18公升的業務用食用油是廚房的必需品。用焊接的方式接合鍍錫鐵，製作食用油鐵桶（製作方式→P59）。

滿桌的佳餚，用啤酒乾杯吧！料理多到快要滿出來了（製作方式→P56）。

左上）彩色電視機正在播放節目。
下）用來裝肉包的紙，如果直接貼上切割後的紙張會翹起來，可塗上木工用接著劑讓紙張硬化，呈現垂墜感。

一升瓶的木箱

懷舊的木箱。如何以簡單的方式在木箱印上文字，是製作的重點。

正面、背面

側面

平面圖

格狀分隔板切口

《實際大小尺寸表》

	厚度	寬度	長度	片數	
A	1×	8×	53.5	2片	（切成寬度10mm）
B	1×	5×	53.5	4片	（使用寬度5mm）
C	1×	5×	36	4片	
D	1×	5×	19	10片	（使用寬度5mm）
E	1×	19×	49	1片	（切成寬度20mm）
F	1×	15×	49	1片	（使用寬度15mm）

※A B的長度雖為53mm，但在切割時要先預留0.5mm的長度。
※E為木箱底部的零件。

▶切割材料

❶用直尺量切割尺寸，將直尺深度器安裝在直尺上，依照尺寸用剪刀切割（有關使用直尺深度器及材料的切割方式請參照P28）。

▶製作格狀分隔板

❷依照尺寸畫上記號，用美工刀切割F與4片D的切口，切割成匚字形。若有角尺的輔助，更易於切成直角。切口要比1mm略大，以利組裝。

折斷美工刀的刀刃

若美工刀刀刃失去銳利度，就要折斷刀刃，使用全新的刀刃。刀具的銳利度與作品完成度息息相關。

9mm
9mm
1mm

❸在E的中央畫出F的黏著位置，垂直黏著F。

❹將D裝入切口。在放入一升瓶時略有鬆動的狀態看起較為自然，因此沒有黏著。

▶製作側面

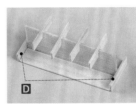

❺將D黏在底板E的兩側。在側面各黏著上中下3片D板，先黏著下片是為了加強與本體之間的固定性。

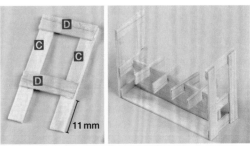

11mm

❻將C黏在D的兩側，在C底部往上11mm的位置黏合D。接著黏著木箱側邊，讓D朝向內側。

▶製作木箱的正面與背面

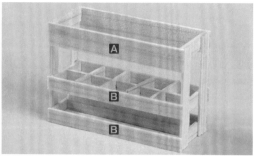

❼將Ⓐ與Ⓑ黏在正面與背面。

▶加上文字

❽將文字印在噴墨印表機專用和紙,用漿糊(使用 YAMATO 漿糊)黏著。漿糊即使溢出也不會產生表膜,非常適合用於黏著。

❾在和紙部分塗上稀釋後的水性清漆,當清漆乾燥後和紙會與木材融合,可依個人喜好製造舊化效果。

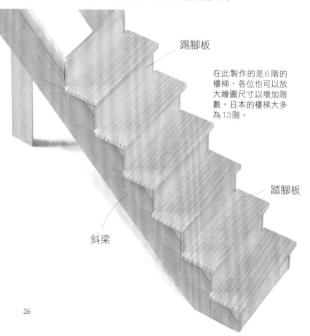

踢腳板

在此製作的是6階的樓梯,各位也可以放大繪圖尺寸以增加階數。日本的樓梯大多為13階。

踏腳板

斜梁

樓梯

先印下P27的製圖。關鍵在於尺寸是否精準。

▶製作斜梁

❶將厚2mm、寬30mm的檜木棒對合P27製圖綠線底部 ,畫出台階圖樣。
使用附帶方格的三角尺一邊確認直角一邊畫線,才能畫出精準的線條。

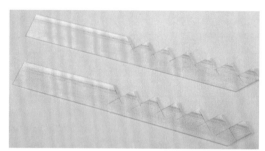

❷使用美工刀切割台階部分,切割後再用橡皮擦擦掉鉛筆線條。製作2片台階板,將木板對合,確認角度是否相同。

▶製作踢腳板

末階 ‖15mm

❸將厚2mm、寬20mm的檜木棒切成50mm的長度,僅將末階的木板寬度切為15mm。木板的高度皆為18mm,但因為有2mm被遮住,於是直接使用寬20mm的木板。本書製作的是寬50mm樓梯,各位可自行調整寬度。

調整踢腳板的寬度與剖面

如果踢腳板的寬度不齊,在黏著斜梁板時就會產生縫隙,因此要精準地掌握寬度尺寸。用砂紙打磨,可磨出均一的寬度。

組裝時會用到木工用接著劑,但在黏著踢腳板的剖面時,得塗上2次木工用接著劑。
第1次先塗上薄薄一層,並等待接著劑乾燥,這樣可以防止木工用接著劑被吸收。塗上第2次,正式進行黏著。精準地黏著單邊斜梁板,確認接著劑稍微乾燥後,在另一邊的踢腳板塗上木工用接著劑,再黏上斜梁板。

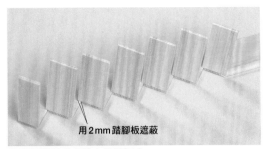

用2mm踢腳板遮蔽

❹將踢腳板垂直黏在斜梁板上。

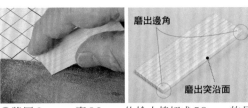

磨出邊角

磨出突沿面

❻將厚3mm、寬20mm的檜木棒切成58mm的長度,用砂紙磨出突沿(前緣)面與邊角。

❺用另一側的斜梁板夾住踢腳板,黏著兩端。

❼將踏腳板黏在中央位置,由於踢腳板較長,且隱藏於內側,不會產生縫隙。

《實際大小尺寸表》 可自行影印使用

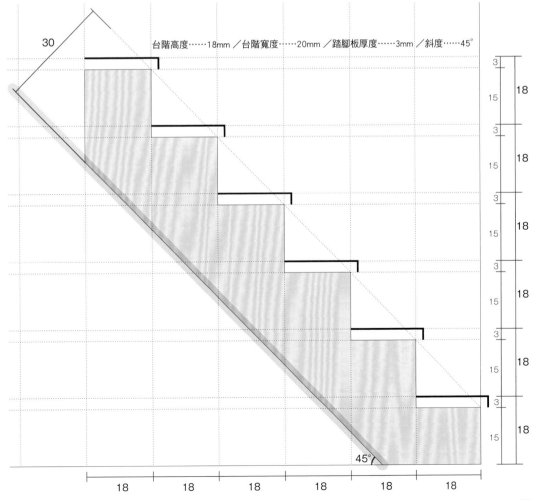

30

台階高度……18mm／台階寬度……20mm／踏腳板厚度……3mm／斜度……45°

45°

18　18　18　18　18　18

玻璃拉門

與實際的玻璃窗同為框組方式製作，從窗框縫隙嵌入塑膠板，製成玻璃部分。塗裝容易為此製作方式的最大優點。

《尺寸表》

	厚度	寬度	長度	片數
A	1×	8 ×	144.5	4片（切成寬度10mm）
B	1×	10 ×	61.5	3片（使用寬度10mm）
C	1×	8 ×	61.5	3片（切成寬度10mm）
D	1×	8 ×	77.5	1片（切成寬度10mm）
E	1×	5 ×	129.5	1片（使用寬度5mm）
F	1×	5 ×	77.5	1片（使用寬度5mm）
G	1×	4 ×	67.5	1片（參考尺寸）
H	1×	5 ×	29	1片（參考尺寸）
I	1×	24 ×	67	1片（使用寬度30mm木片製作第2層下側鑲板）

《第1層》 製作

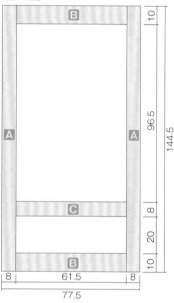

《第2層》 製作

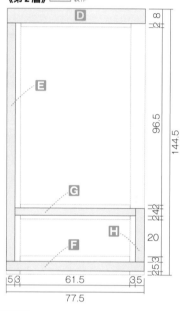

《第3層》 製作

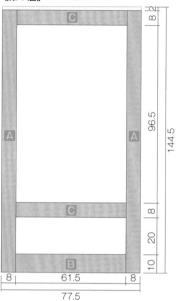

在組裝塑膠板前要進行塗裝，別忘記塗裝固定塑膠板的木片剖面。
塗裝前先用240號砂紙打磨表面，再層層覆蓋塗裝。每一次塗裝後都要用細網目的砂紙打磨，避免塗裝後木材表面起毛。

▶切割材料

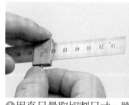

❶用直尺量取切割尺寸，將直尺深度器安裝在直尺上。依照測量尺規用剪刀剪斷厚1mm、寬10mm的檜木板。用剪刀就能剪斷這個尺寸的木板，作業會更具效率。
從第2層開始，比對一下實體拉門的尺寸，一邊切割一邊組裝。

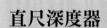

直尺深度器

用螺絲將直尺深度器固定在直尺上，即可精準地刻線或測量尺寸。從端面利用高低差測量更加容易，可將量尺當成夾具使用。

▶第1層（縱勝）

夾具

❷在剖面塗上木工用接著劑，將Ｂ與Ｃ黏在左側的
Ａ。用手指點狀塗上接著劑，不要塗過量，固定門框
約10秒，讓接著劑凝固。在方格墊板上沿著夾具對出
直角。

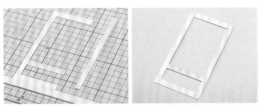

❸Ｂ與Ｃ完全乾燥後，黏著右側的Ａ木片。

▶第2層（橫勝，製作塑膠板專用溝層）

❹將Ｄ黏在上面，用圓頭夾固定直到接著劑乾燥。下
側預留2mm的空間黏著Ｆ，將Ｅ切成稍長的尺寸，
再對照實際尺寸調整，完成黏著避免留下縫隙。對合右
側黏著Ｈ，對照實際尺寸，從第一層Ｃ低2mm的位
置黏著Ｇ，避免產生縫隙。為了避免產生縫隙並呈現
直角，組裝順序相當重要。

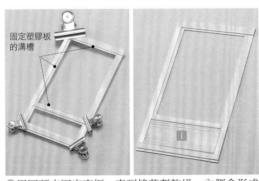

固定塑膠板
的溝槽

❺用圓頭夾固定窗框，直到接著劑乾燥。內側會形成
2mm與3mm的高低差，上側為固定塑膠板的溝槽，
下側為固定鑲板的溝槽。在長邊67mm的剖面塗上接
著劑，黏著Ｉ木片。由於會被第3層遮蔽，即使產生
寬度約1mm的縫隙也沒關係（有縫隙更方便作業）。

縱勝、橫勝

第1層、第3層的縱向零件突出，稱為「縱勝」；第
2層的橫向零件突出，稱為「橫勝」。組合縱橫零件
後，能加強門框的強度，並且防止零件歪斜變形。

縱向
零件突出　　　橫向
零件突出　　　縱向
零件突出

《第1層 縱勝》　《第2層 橫勝》　《第3層 縱勝》

▶第3層（縱勝，製作傻鈍式嵌入結構）

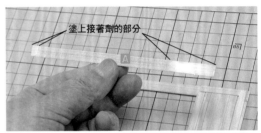

塗上接著劑的部分

❻將接著劑塗在Ａ右側塑膠板插入部分以外的區域，
從上方下移2mm黏著。
黏著左側Ａ→Ｂ（下方2mm未塗上接著劑）→上側
Ｃ木片下移2mm黏著→調整中央Ｃ縫隙後黏著。

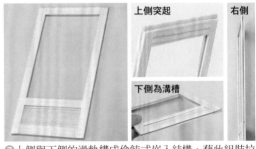

上側突起　　　右側

下側為溝槽

❼上側與下側的滑軌構成傻鈍式嵌入結構，藉此組裝拉
門。

❽將厚0.4mm的塑膠板
切成70×100mm的尺
寸，從門框右側插入塑膠
板，對照實際尺寸，用厚
1mm、寬2mm的檜木棒
製作塑膠板固定條。在面
對塑膠板的剖面塗上接著
劑，將檜木棒插入縫隙。

依照滑軌調整拉門尺寸

拉門的尺寸較長時，可以切割
上側突起部分來調整長度；如
果下側溝較窄，則可插入砂紙
打磨。

日本瓦

像是入母屋造這樣左右線條對稱的屋頂，就算無法使用市售的瓦片材料製作，只要自行製作瓦片，即可自由製作出各種外形的屋頂。

▶製作瓦片

❶用木工用接著劑（也可以使用噴膠或雙面膠）黏合2片0.6mm的黑色硬紙板。

8mm
10mm

❷接著劑乾燥後，將硬紙板切成30×25mm的四方形，用美工刀或剪刀裁成10×8mm的尺寸，製作必要的數量（參考片數：本書刊登作品使用650片）。

日本瓦的外形

住家用的波形瓦如右圖，可見兩處缺口與釘子孔。為了在組裝瓦片後讓外觀更為簡潔，本書省略了瓦片上側的缺口與釘子孔。

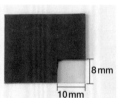

❸留意捲起瓦片的方向，使用直徑12mm的圓棒捲起瓦片。

▶日本瓦的外形

掛瓦條是橫跨屋頂底板的木材，其作用是固定瓦片。本書所製作的掛瓦條，由於目的有別於實體，因此改為縱向裝設木材。

❹在底板（膠合板）交互貼上切成寬17mm的厚紙（顏色不拘）與直徑3mm的竹籤。

為何不直接在厚紙上貼竹籤

由於竹籤為圓形，黏著面較小，要筆直地黏在厚紙上會非常困難。用寬度17mm的厚紙來夾住竹籤，更易於製作出精準的尺寸。

❺將瓦片放在竹籤與竹籤的中央，彎曲瓦片兩端，彎曲部分不是波浪形，而是帶有折痕。將掛瓦條當成夾具來折彎瓦片，就能以剛好的尺寸製作瓦片。

《從側面所見的折法》

○OK
×NG

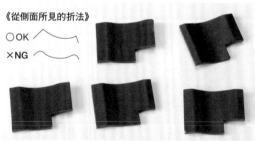

❻折曲必須的瓦片片數。

❼黏上在製作屋頂底板時作為夾具的膠合板（本書以未經過黏著的零件解說）。

▶黏著瓦片～最後加工

接合

⑧用木工用接著劑黏著。將瓦片橫向排列葺上瓦片，用下一片的瓦片邊緣對合缺口部分，進行黏著。

⑨黏好橫向一排後，開始黏著第2層，依照照片的方式對合缺角部分（箭頭標示處）。製作缺口時避免此部分重疊，這樣屋頂的凹凸外觀會更加漂亮。

⑩橫向黏合瓦片，製作必要的層數。

⑪由於屋頂為厚紙重疊的結構，為了讓雙層的剖面不會過於明顯，並加強瓦片的質感，因此塗上能增添金屬風格的塗料（使用TURNER'S IRON PAINT的鋼鐵黑色塗料）。

流水表現

在流水方向安裝柞蠶絲，並注入UV膠等待硬化。藉由UV膠的使用量與滴流狀態來呈現真實感。

▶黏著柞蠶絲

❶在流水部分的兩端注入UV膠，等待UV膠硬化後完成黏著。要完整地覆蓋流水的出處（＝柞蠶絲的邊緣），透明的柞蠶絲被UV膠覆蓋後，從外部就不會看見柞蠶絲。

如何節省UV膠的用量

製作裝滿木桶、水桶、水槽等容器的水時，如果全部以UV膠製作，往往需要使用大量的UV膠。這時候可使用壓克力材質的假冰塊（可於百元商店購入）取代部分UV膠，這樣能有效減少UV膠的用量，節省製作成本。
由於假冰塊為透明無色，用UV膠覆蓋後從外表看不出來。

假冰塊

UV膠

注入UV膠，完全覆蓋假冰塊。

❷在柞蠶絲的邊緣注入幾滴UV膠。UV膠會沿著柞蠶絲滴流，滴流到一定程度後，倒拿模型讓UV膠逆流。讓UV膠逆流，可避免UV膠結成球狀。確定UV膠的流動方向後，用紫外線燈照射，讓UV膠硬化。

❸反覆以上步驟，讓UV膠完全覆蓋柞蠶絲。若發現UV膠結成球狀時，不用著急，可用牙籤等工具整平。

想要增加水量時

若想要讓水流變粗，只靠單根柞蠶絲難以支撐UV膠的重量，但只要增加柞蠶絲的數量，就可以增加UV膠的用量，進而改變水量。

這裡的導水管與石水台並沒有出現於本書作品中。

不使用布料製作店門布簾

店門布簾、貨車車篷、機車椅墊等物品，如果使用布製作，會因彈性過強，有些不應該翹起的部分會翹起來，沒有因重力而下垂，看起來不太自然。以下要介紹不使用布料，也能製作出具真實感店門布簾的訣竅。桿薄雙色AB補土來增添外觀變化的方式，也可運用於其他各種題材。

▶準備材料～前置加工

❶充分揉和雙色AB補土的主劑與硬化劑（參考材料：TAMIYA造形雙色AB補土快速硬化款，延展性與使用性佳）。

❷將大量的嬰兒爽身粉倒在作業台上，讓補土沾滿嬰兒爽身粉。

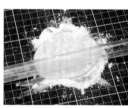

❸用桿麵棍將補土桿薄。桿到某個程度後會很難以桿麵棍延展，此時要用手指拉開，盡量延展補土，讓補土變薄。將補土放在作業台上，整平補土（輕撫表面，補土會立刻變得平整）。

使用嬰兒爽身粉

雙色AB補土容易附著在作業台，若直接放上補土，補土會黏在台面上，難以取下，因此要頻繁地翻面，並盡量讓嬰兒爽身粉布滿整個補土。

❹將雙色AB補土切成長方形。用美工刀切割後，補土容易附著在刀片上，造成補土變形。可在刀刃抹上嬰兒爽身粉，以按壓的方式切割。

❺將補土邊緣部分蓋在竹籤上，輕輕按壓讓補土密合。

❻輕輕地翻面，將補土邊緣往內折，讓補土完整地包覆竹籤。塗上模型用接著劑（液態接著劑更容易使用，在此使用的是TAMIYA CEMENT液態接著劑），溶解補土進行黏著。

❼將補土切割成店門布簾的外形（本書的店門布簾為4片）。

使用雙色AB補土的實作範例。
用雙色AB補土製作機車椅墊。雙色AB補土質地柔軟，將補土桿薄鋪在底台上，即可沿著底台外形自由地塑形。

❽塑形後，讓雙色AB補土保持下垂的狀態，等待補土硬化。用於本作品的補土硬化時間為30分～1小時，大約過了6小時就會完全硬化（依據氣溫、溼度、桿開的補土厚度等條件而有所不同）。
若在塑形後就立刻塑造出店門布簾具有動感的外形，補土往往會因本身的重量而延展。所以要等到補土開始硬化，再一邊觀察並調整外形。

❾補土完全硬化後，用水沖掉補土上的嬰兒爽身粉。

塗裝的訣竅

先噴上水補土，再用彩繪藝術專用的壓克力顏料進行塗裝。
完成整體的上色後，以乾刷的技法強調布料的凹凸質地。用畫筆沾取少量的深藍色或亮部用淡藍色顏料，先在紙上刷拭，讓畫筆不要殘留顏料，接著在想要強調凹凸質地的部分以輕觸的方式上色。
塗裝乾燥後，噴上消光噴霧，加強布料的質感（塗裝後轉印「ゆ」文字水貼紙）。

黏土大理花

改變花瓣的尺寸，一片一片地重疊上去。由於沒有製作花萼，外觀較為簡潔，也可以將花朵捆起來插進花瓶裝飾。

▶準備黏土

❶揉合了樹脂黏土（使用RESIX黏土）與顏料，調出預設的色彩（用白色、黃綠色、焦茶色調出黃綠色，用白色與粉色調出粉色。）將黏土放入夾鏈式密封袋，擠出空氣後拉緊拉鍊。要使用

剪開

黏土時可剪掉密封袋邊角，從洞口擠出黏土，方便少量取用。

保存黏土的方式

用夾鏈式密封袋保存上色後的黏土，將裝有黏土的袋子，放入裝有沾溼面紙的更大夾鏈式密封袋，這樣就能長期保存黏土。
由於黏土含有機物，久放會發霉，在揉合黏土前要用酒精消毒手部。
在擠出黏土的過程中，如果發現密封袋的孔洞變大，可以更換新的，或在袋內噴上酒精消毒後再行更換。

若是製作盆栽，要製作花萼或葉子。

▶製作花梗

❷將0.2mm的銅線切成50mm左右的長度。

一邊旋轉一邊安裝黏土

剪掉上側銅線

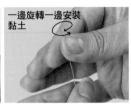

❸從密封袋擠出3mm球狀的黃綠色黏土，將黏土裝在銅線上，用手捏住黏土，由上至下延展黏土，讓黏土包覆銅線周圍。接著剪掉上側，下側10mm的部分沒有用黏土包覆。

將花梗插進海綿，等待黏土乾燥。

▶製作花瓣

延展成細長狀

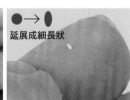

❹《花朵中心》從密封袋擠出0.5mm球狀的粉色黏土，將黏土捏圓後延展成細長狀。

❺在銅線前端塗上接著劑（使用AQURIA瞬間膠，細嘴設計易於使用），黏著整圓的黏土。以第1顆黏土為中心，在周圍黏上6顆黏土，製作花朵的中心花蕊。

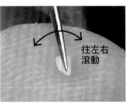

往左右滾動

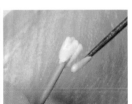

❻《第1圈》從密封袋擠出0.5mm球狀的粉色黏土，將黏土捏圓後延展成細長狀。用裁縫針壓住黏土，左右滾動針頭，塑造出薄花瓣的外形。在花瓣的根部（裁縫針的前端）塗上接著劑，以花朵中心周圍為主進行黏著。

❼重複步驟❻的作業,讓花瓣包覆花朵中心一圈。

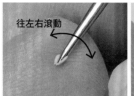

往左右滾動

❽《第1圈》從密封袋擠出1mm球狀的粉色黏土,用裁縫針壓住黏土,左右滾動針頭,塑造出薄花瓣的外形。在花瓣根部塗上接著劑進行黏著。

❾重複步驟❽的作業,讓花瓣包覆一圈。

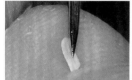

❿《第3圈》從密封袋擠出約1.5mm球狀的粉色黏土,用手指將黏土捏成扁平水滴狀,再用裁縫針桿薄,以針頭畫出3條花脈線條。

⓫在花瓣根部塗上接著劑進行黏著,反覆此步驟。

⓬《第4圈以後》直到第7圈為止,確認花朵的平衡感的同時,耐心地黏上花瓣。愈靠外圍花瓣愈大,這才是理想的外觀。

⓭黏土乾燥後,也可以用綠色顏料替花瓣的中心7顆花蕊染色。

鐵皮附蓋畚箕

用厚紙製作鐵皮附蓋畚箕,
利用庭院小物品展現懷舊的氣氛。
以下要介紹繪圖與製作的訣竅。

《實際尺寸紙型》

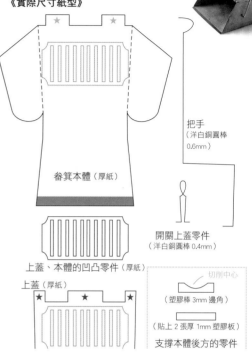

把手
(洋白銅圓棒
0.6mm)

畚箕本體(厚紙)

開關上蓋零件
(洋白銅圓棒0.4mm)

上蓋、本體的凹凸零件(厚紙)

上蓋(厚紙)

切削中心

(塑膠棒 3mm 邊角)

(貼上 2 張厚 1mm 塑膠板)

支撐本體後方的零件

❶依照紙型尺寸切割本體、上蓋、上蓋與本體凹凸零件厚紙(使用SAKAE TECHNICAL PAPER極厚普通影印紙)。製作上蓋、本體凹凸零件需使用2張厚紙。

❷將上蓋的★部分整成圓形,黏在0.4mm的金屬棒上。將凹凸零件黏於上蓋的圖示部分。黏著時一律使用紙張專用接著劑,因為木工用接著劑水分較多,會造成紙張歪曲變形。上蓋部分呈現微彎的曲線。

❸折下本體的虛線,製作畚箕側面,塗黑畚箕口(灰色處)。

❹整圓本體的★部分。

❺在本體側邊的剖面塗上接著劑,組裝成畚箕的外形。

❻將凹凸零件黏在圖示部分,組合上蓋與本體。

❼組合把手與上蓋開關零件,在本體側邊鑽孔穿入把手,在內側折曲把手加以固定。

❽在上蓋中心鑽孔,穿入開關零件後在內側折曲零件,加以固定。

❾黏著本體後側支撐零件。

御手洗糰子與烤台

製作御手洗糰子的時候，採真實的方式用竹籤插入糰子，或是以簡單的方式黏著加工，所呈現的外觀效果會有所不同，不妨依據配置選擇製作方式。

此外，在烤台配置了可燃燒木炭，只要運用相同的表現方式，就可應用於烤肉或圍爐裏等場景。

▶製作糰子

❶《竹籤》用米色壓克力顏料替直徑0.5mm圓形塑膠棒上色（不用加水稀釋顏料）。將塑膠棒切成15mm的長度，為了在作業時能用塑膠棒當作把手，先預留較長的長度。

❷《糰子》揉合樹脂黏土（使用Grace牌）與白色塗料，整成直徑約2mm的球狀。

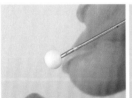

❸《組合》用裁縫針鑽洞，直到糰子的中間位置，在塑膠棒塗上木工用接著劑，插入糰子孔洞。在糰子前端塗上接著劑，黏著4顆糰子。

當糰子完全乾燥時便無法鑽洞，要趁糰子表面稍微乾燥時進行。

用竹籤串起的真實感製作方法

用接著劑黏著糰子

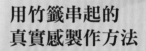

事先在糰子鑽洞，將竹籤插入糰子

用裁縫針貫穿糰子。在圓形塑膠棒前端塗上木工用接著劑，插入4顆糰子，因每顆糰子相互擠壓，外觀更具真實感。

黏著糰子的製作方式較為簡單，如果是泡在醬汁裡頭的糰子，可使用這種方法製作；配置於作品主角烤網上的糰子，則用插入竹籤的方式製作。

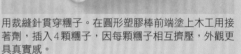

若感覺插入很困難，可用指尖按壓糰子後再插入。

❹《添加烤色》依照場景製作微焦的糰子和烤好的糰子。剛擺上烤網的糰子不用上色。

用壓克力顏料，依黃土色→紅棕色→黑色的順序塗上烤色。顏料乾燥後，再將竹籤剪成合適的長度。

▶製作裝有醬汁的鍋子

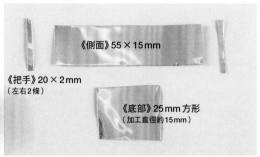

《側面》55×15mm

《把手》20×2mm
（左右2條）

《底部》25mm方形
（加工直徑約15mm）

⑤用金屬專用剪刀將厚0.1mm的鋁板剪成上圖的尺寸
（鍋底約為直徑15mm的圓形，可對照鍋子的實際尺寸
調整）。

⑥《側面》將鍋子本體纏繞在15mm的圓棒上，製作
出圓形外觀，用金屬用接著劑黏著接合處，套上橡皮筋
或魔鬼氈固定，直到接著劑乾燥。

⑦《底部》在鍋子側面底
部的剖面塗上金屬用接著
劑，與鍋子底部黏合按壓
固定。依照鍋子的外圈尺
寸剪切鋁板。由於之後要
在鍋子注入醬汁，可適度
遮蔽切口。

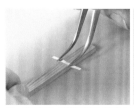

⑧《把手》將把手放在3×6mm的角棒上，用鑷子折
曲把手。預留兩端約3mm的長度，剪掉多餘部分。

⑨在側面兩側塗上金屬用接著劑，進行黏著。

⑩在底部注入大量的木工用接著劑，再用黏土墊高直到
一半的位置。將糰子配置於鍋子內部時，黏土可作為底
台，還能防止注入的UV膠溢出。

⑪用焦茶色＋橘色顏料替黏土上色，呈現醬汁的顏色。

▶加入醬汁～最後加工

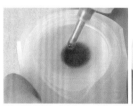
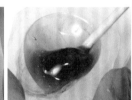

⑫《醬汁》混合UV膠（使用星之雫牌）與橘色＋棕色
UV膠專用上色劑，製作醬汁的顏色。混合時少量使用
橘色上色劑，會更易於調整顏色。

⑬將UV膠注入鍋子。

⑭將帶有烤色的糰子沾上UV膠，配置於醬汁中。由於
鍋底有黏土作為底台，糰子不會下沉。

⑮在鍋邊加入溢出的醬汁。製作醬汁少量溢出的外觀，
更能增加真實感。最後等待UV膠硬化。

▶製作烤台

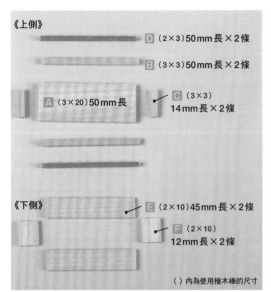

《上側》

D（2×3）50mm長×2條

B（3×3）50mm長×2條

A（3×20）50mm長　C（3×3）14mm長×2條

《下側》

E（2×10）45mm長×2條

F（2×10）12mm長×2條

（）內為使用檜木棒的尺寸

⑯依照上圖尺寸表切割出2×3mm、3×3mm、2×10mm、3×20mm檜木棒。

⑰《下側》用木工用接著劑黏著E與F，構成口字形。

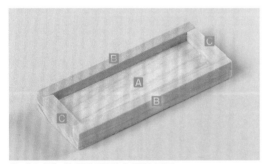

⑱《上側》將B與C黏在A的周圍。

⑲黏著上下部分，在D的寬2mm部分塗上木工用接著劑，對合木箱內側進行黏著。

⑳《上色》用黑色壓克力顏料上色，由於烤台內側會被木炭覆蓋，在內側大致上色即可。

㉑《木炭》隨意切削輕木圓棒刻出刀痕。用手撕裂木材，也可用指甲或工藝棒弄凹木材，製作出木炭。

㉒在內側塗上大量的木工用接著劑，黏著木炭。

㉓《上色》用畫筆沾取少量的黑色與白色壓克力顏料，以輕敲的方式上色，避免各色混合。

㉔《燃燒表現》用橘色壓克力顏料在木炭的部分前緣上色，使用極細畫筆或牙籤更易於上色。

㉕《黏上烤網》用金屬專用剪刀將不鏽鋼網剪成20×50mm的尺寸，在D塗上金屬專用接著劑（使用AQURIA），進行黏著。

㉖用黑色或是灰色壓克力顏料，在鐵網中央部分上色，製作烤焦痕跡。

㉙完成上色。

㉗《舊化》以烤台邊角為中心，用砂紙輕輕打磨，呈現長年使用的老舊外觀。

㉘用茶色壓克力顏料表現生鏽痕跡。在畫筆幾乎沒有沾取顏料的狀態下進行乾刷，以輕微的筆觸上色。顏料乾燥後，用砂紙打磨，讓整體顏料融合。

㉚《配置糰子～完成》用木工用接著劑黏著糰子。配置不同烤色的糰子，外觀更具變化性與趣味性。

和菓子質感的差異

使用上新粉製成的日式饅頭、薄餅或水饅頭等光滑的外觀，表面附著在來米粉的豆大福等，和菓子具有各式各樣的種類。

揉合無色樹脂黏土與壓克力顏料，調出理想的色調。加上針頭分量的綠色或粉色及生褐色顏料，即可呈現自然的色調。

《亥子餅》
用茶色替樹脂黏土上色。塑形後用極細畫筆描繪表面的3條線，再塗上清漆做最後加工。

《紅豆餡饅頭》
用紅棕色的顏料替樹脂黏土上色。捏圓後製成紅豆餡，接著桿平用白色顏料上色的樹脂黏土，以包覆紅豆餡。

《三色糰子》
使用各色顏料替樹脂黏土上色。比照真實製作御手洗糰子的方式插入竹籤，再塗上清漆。

《大福餅》
用黑色顏料替樹脂黏土上色。製作大福的紅豆，再混入用白色顏料上色的樹脂黏土塑形。在表面塗上接著劑後，撒上模型用雪粉。可用畫筆弄掉多餘的雪粉。

《蕨餅》
將硬化的透明黏土（或是矽膠）切成塊狀，用縫紉針插入黏土，塗上接著劑後撒上木屑。

《艾草麻糬》
用綠色顏料替樹脂黏土上色，加入模型用綠色粉揉合塑形。在黏土上面塗上接著劑，撒上木屑。側面塗上清漆。

《薯蕷饅頭》
用粉色或白色顏料替樹脂黏土上色後塑形，塗上薄薄一層清漆。

《黃餡饅頭》
用黃色顏料替樹脂黏土上色。在饅頭上側添加烤色。

《紅豆泥糰子》
依照御手洗糰子的製作方式來製作糰子。將混有壓克力顏料的樹脂紅豆泥滴在糰子表面，等待樹脂硬化。運用壓克力顏料讓樹脂變混濁的特性，製作紅豆泥。

《水饅頭》
使用紅棕色替樹脂黏土上色。揉圓製作紅豆球，再用縫紉針插入紅豆球，塗上木工用接著劑等待乾燥，並反覆2～3次。

開關式竹籃

使用花藝包紙鐵絲編織竹籃。運用模具來編織側面部分，讓上蓋與本體的位置對齊，並防止體積縮小。

▶開始編織～編織底部

❶將30號的花藝包紙鐵絲剪成11根50mm的長度，將6根包紙鐵絲平貼捆在一起，折曲33號花藝包紙絲的邊緣，勾住6根包紙鐵絲的中心。30號包紙鐵絲為竹籃中心部分，33號為編織用鐵絲。

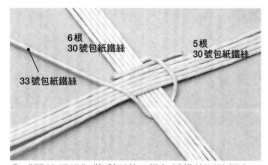

6根
30號包紙鐵絲

5根
30號包紙鐵絲

33號包紙鐵絲

❷《開始編織》將剩下的5根包紙鐵絲平貼捆在一起，放在6根包紙鐵絲的上面，組成十字形。依照上圖由上→下→上→下的順時針方向穿入33號包紙鐵絲。

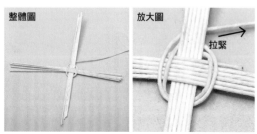

整體圖　　　放大圖

拉緊

❸接著再由上→下→上→下的順時針方向纏繞33號包紙鐵絲一圈，拉緊鐵絲固定。

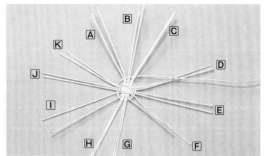

❹以2根為單位分開包紙鐵絲。將6根包紙鐵絲分為Ⓐ、Ⓑ、Ⓒ各2根，將5根包紙鐵絲分為Ⓓ、Ⓔ各2根，由於Ⓕ少1根，要從旁邊的6根包紙鐵絲取1根。將Ⓖ、Ⓗ各分為2根，剩下的1根包紙鐵絲與旁邊的5根結合（Ⓘ）。將Ⓙ、Ⓚ各分為2根。

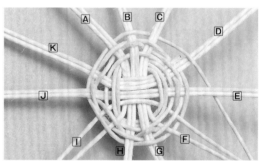

❺《第1～4圈》從竹籃中心上方由上→下→上→下的方向，編織包紙鐵絲4圈，一邊用錐子按壓，避免產生縫隙。由於編織第2圈時容易產生縫隙，要牢牢按壓。

如何牢牢地編織第2圈

編織1圈後要用錐子確實地拉緊編目。如同下圖，編織第2圈時容易產生縫隙。

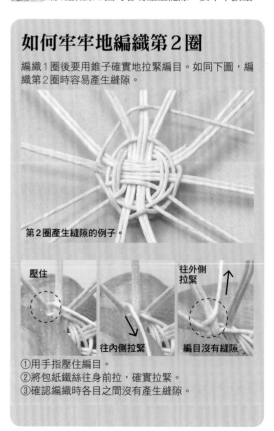

第2圈產生縫隙的例子。

壓住　　　　　　　　　　　往外側拉緊

往內側拉緊　　　　編目沒有縫隙

①用手指壓住編目。
②將包紙鐵絲往身前拉，確實拉緊。
③確認編織時各目之間沒有產生縫隙。

❻《竹籃中心》將30號鐵絲剪成8根25mm的長度。

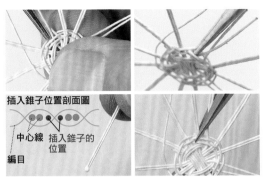

插入錐子位置剖面圖

中心線　插入錐子的位置
編目

❼在 Ⓒ 與 Ⓓ 之間撐開插入錐子的縫隙。可以依照上圖●位置的兩處之中選擇易於撐開縫隙的點。在2根25mm包紙鐵絲前端塗上木工用接著劑，插入縫隙，可用尖嘴鉗按壓固定，讓著劑保持黏性。相同地，也要在 Ⓔ 與 Ⓕ、Ⓘ 與 Ⓙ、Ⓚ 與 Ⓐ 之間插入鐵絲。

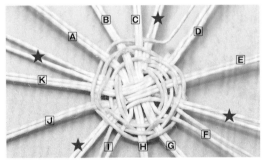

❽在4個★位置加上中心包紙鐵絲。

在由下往上4mm的位置畫上記號

高度約為22mm

在後側下方往上8mm的位置畫上記號

❾《準備模具》參考左圖用砂紙削掉木頭角棒的邊角，在蓋子高度4mm與本體高度8mm處畫上記號。

《實際尺寸》
12×15mm

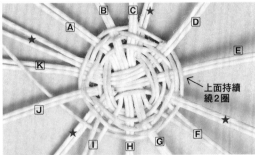

上面持續繞2圈

❿《底部第5圈開始》依照上→下→上→下的順序編織包紙鐵絲，避免產生縫隙。因為中心包紙鐵絲數量的關係，編織到 Ⓔ 時會與上一圈的編目重疊，不要在意繼續作業即可。

第6圈跟第2圈一樣，容易產生縫隙，編織時要一邊用指尖按壓以減少縫隙，但過度按壓造成鐵絲的包紙剝落，要特別留意。

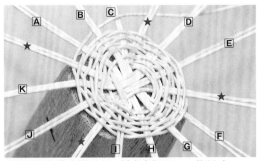

⓫將編織物放在模具上，編成直徑15mm的尺寸。

▶編織側面～完成編織

⓬《側面》將6根包紙鐵絲貼合模具，製作成長邊（15mm），立起編織物。從對焦線上彎曲包紙鐵絲，更易於彎曲，且位置不會偏移。

⓭跟底部相同，依照上→下→上→下的順序編織，避免產生縫隙。由於邊角部分容易產生縫隙，要壓住編目並拉緊，縮小縫隙。

⓮依照上→下→上→下的順序反覆編織上蓋，直到側面4mm的高度為止（約10圈）；以相同的包紙鐵絲編織本體，直到4mm的高度為止（約20圈），兩者都是在長編的左邊第2根中心包紙鐵絲處 Ⓕ 收尾。統一編織收尾部分，組合本體與上蓋時會更加美觀。

加長包紙鐵絲

加長包紙鐵絲時，剩下10mm的長度會在竹籃內側收尾，將新的包紙鐵絲放在原本的包紙鐵絲上。編織第1圈時，由於包紙鐵絲容易脫落，要一邊按壓一邊編織，完成編織後再剪掉包紙鐵絲邊緣。

新的包紙鐵絲

原本的包紙鐵絲

順序為原本的包紙鐵絲→新的包紙鐵絲→中心包紙鐵絲

⑮《完成編織》剪掉包紙鐵絲，纏繞在中心包紙鐵絲 F 上。

⑯用斜口鉗剪掉鐵絲，預留3～4mm的長度。

⑰用尖嘴鉗夾住鐵絲的根部，往內折90°。由於已經預留鐵絲的長度，使用尖嘴鉗作業時會更為順利。

⑱用斜口鉗剪掉鐵絲，預留2mm的長度，再用尖嘴鉗壓住根部，完全往內折。分成數次折彎鐵絲與剪切，這樣更容易將鐵絲往內側折。

⑲完成上蓋。編織本體時同樣要改變側面的高度。

▶把手、扣環

⑳《製作把手》將30號花藝用包紙鐵絲剪成4根50mm的長度。將鐵絲平放在一起，用手指均勻地塗上木工用接著劑，製成中心包紙鐵絲，趁接著劑乾燥前纏繞鐵絲。

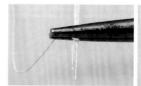 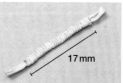

㉑纏繞33號鐵絲。折曲邊緣並勾住中心包紙鐵絲，再用尖嘴鉗按壓固定。在不產生縫隙的狀態下纏繞鐵絲。若綁得太緊會讓中心包紙鐵絲偏移，要多加留意。纏繞17mm的長度後剪掉鐵絲。

㉒《組合》將中心鐵絲各分為2條，折成匸字形。

㉓在底部第3圈4處平衡感良好的位置（★的位置），用錐子擴大縫隙，縫隙愈大更易於插入中心鐵絲。插入作為把手的中心鐵絲，插入部分若產生縫隙可用錐子調整，接著折曲內側的中心鐵絲，加以固定。

㉔《製作皮帶》將薄皮革剪成2片2×15mm的尺寸，穿入0.4mm的C形環，在邊緣塗上木工用接著劑黏著。以同樣的方式黏著另一塊皮革。

㉕將皮帶切成合適的長度，接著再將單邊切割成V字形。

正面　背面

▶上色～最後加工

㉖使用彩色清漆或水性顏料上色劑（PORE STAIN）上色。先抒一下畫筆弄掉塗料，塗上薄薄一層，反覆塗刷上色。如果塗料太多，塗料會殘留在編目之間，即使塗料乾燥也會導致編目堵塞。使用壓克力顏料時，顆粒特別容易積聚在編目之間。此外，別忘記塗裝竹籃和把手內側區域。

㉗等待塗料完全乾燥。

正面　背面

㉘使用木工用接著劑在上蓋正面2處黏上皮帶，在後側的上蓋連接本體區域黏上剪成7×3mm尺寸的皮革。

少女的時髦鞋子

使用較薄但堅固的合成皮革，就能縫製鞋跟，更易於塑形。

鞋身
鞋底　鞋墊

《實際尺寸紙型》
描在厚紙上製作紙型。因為是依照實際尺寸製作鞋底，提供尺寸參考。

 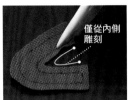

僅從內側雕刻

❶《鞋身》盡量使用薄合成皮革，在紙型周圍剪出2mm的黏貼處（縫邊）。接著在橡膠板上沿著內側線條，用刮刀刻出邊緣線條。

❷遇到曲線角度較大的部分，要避開中心，在數個地方剪出切口，沿著線條用木工用接著劑黏著。也要折下內側其他的地方進行黏著。

❸將鞋身放在橡膠板上，在折線內側0.5mm處用刮刀刻出線條（因為無法用縫合的方式，要刻出線條來增加外觀變化）。

❹將鞋身往內折，在鞋跟上側縫上一目，讓線繞一圈。

手縫平針法→最後回針一目→打結球狀

❺將鞋跟對合線條，以手縫平針法縫合。最後回針一目，將線尾打結球狀後剪掉針線。在2mm縫邊中裁剪1mm。

❻翻到正面，整平縫邊，用木工用接著劑黏著鞋跟，再用夾子固定，等待接著劑乾燥。

❼《鞋墊》沿著紙型（P43）切割1mm的厚紙。用木工用接著劑在厚紙貼上薄布料，依據厚紙的尺寸裁剪布料。

❽在鞋尖與鞋跟貼上布料用強力雙面膠，製造1mm的突出空間。撕下剝離紙，將雙面膠捲入鞋尖以及鞋跟的側邊。

❾《組合》沿著縫線黏上鞋跟，同樣依照縫線的位置，避開曲線部分的頂點，在鞋尖刻出6處切口。

❿黏著兩側。

⓫還要在鞋跟處刻出切口，黏著鞋跟與鞋尖。用木工用接著劑黏著重疊部分，並切掉多餘部分，黏著後用工藝刮刀等工具按壓，讓黏著部分密合。

⓬《鞋底》在鞋底塗上木工用接著劑，然後黏上鞋底皮革。依照實際尺寸，配合鞋底形狀切割鞋底。

如何使用剪刀剪切曲線

用剪刀剪切鞋尖或鞋跟的曲線時，如果分段剪切會讓曲線產生角狀，顯得參差不齊。因此，要一鼓作氣地剪切曲線，剪出漂亮的形狀。

⓭將皮革黏在鞋底的鞋跟部分，剪成鞋跟的形狀。

⓮《鞋帶～最後加工》將剪成寬1mm、長12mm的合成皮革黏在內側。整出曲線外形，將鞋帶另一端黏在外側，剪掉多出的長度。在鈕扣位置黏上美甲裝飾等小零件，在鞋頭黏上緞帶。另一隻鞋子的鞋帶黏貼方向為相反方向。

開關式行李箱

在內側貼上布料，然後貼上皮革，製作逼真的行李箱。

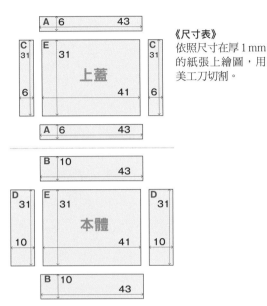

《尺寸表》
依照尺寸在厚1mm的紙張上繪圖，用美工刀切割。

▶ **製作行李箱基底**

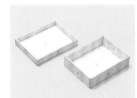

❶將2片C（短邊）黏在E，再黏上A（長編），製作箱形上蓋。本體的黏著方式相同。

調整誤差

即使依照尺寸來切割，還是會因刀刃的角度或組合方式不同產生些微誤差。先用指尖觸摸看看，若感覺有高低差，可用美工刀削薄，加以調整。

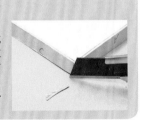

皮革要盡量輕薄

用於微型模型的皮革，要盡量選用薄的款式。可請專家削薄皮革，或是從特定活動取得薄皮革。以0.5～0.6mm的皮革為例，通常可以弄薄0.3mm。

將用來加工皮革背面或切口的「TOKONOLE」塗在絲巾上（纖維不易起毛），以黏住皮革背面起毛的感覺，在皮革背面的各種方向摩擦。

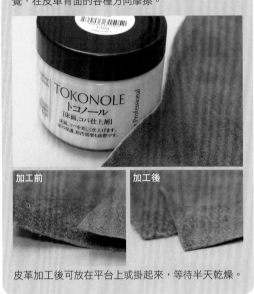

加工前 / 加工後

皮革加工後可放在平台上或掛起來，等待半天乾燥。

▶ **黏貼皮革**

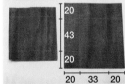

上蓋基準線同12mm的位置

❷接著將皮革裁剪成上蓋69×59mm、本體83×73mm的四方形。用鑷子尖端在上蓋的12mm處與本體的20mm處刻線，畫出基準線。

❸《底部》在E整面塗上木工用接著劑，依照刻線位置黏著。黏著時按住邊角，讓皮革包覆基底，可使行李箱的邊角更為明顯。

❹《黏上側邊》不是參考刻劃的基準線，而要依照行李箱短邊的延長線剪掉皮革。在行李箱短邊塗上木工用接著劑，黏上皮革，從45°角剪掉上側部分。

❺在皮革塗上木工用接著劑，折往內側進行黏著。

❻在厚紙與短邊皮革的剖面塗上木工用接著劑，黏著長邊，並按住邊角讓皮革密合。

移動此刀刃

固定不動

❼剪掉多出的皮革。當剪刀刀刃接觸皮革，會造成皮革表面的損傷，要留意移動刀刃的方式。

注意
別讓皮革重疊

❽從45°角剪掉上側。在皮革塗上木工用接著劑進行黏著，用細工棒按壓讓皮革密合。若角度太深會造成基底外露，如果擔心這點，可先在邊角周圍塗上皮革同色塗料。製作上蓋也是依照相同的步驟。

❾《角落皮革》用厚紙切割直徑12mm的圓形，製作紙型。用圓規刀（使用SUPER PUNCH COMPASS）更易於切割。

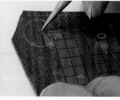

❿將紙型放在皮革背面，用原子筆或錐子描繪輪廓。在圓形中心畫上記號後，還要在90°的位置畫上記號。畫記號時用直角尺更為方便。

⓫用剪刀裁剪，剪下90°的部分，製作8片。

⓬在上圖所示的部分塗上木工用接著劑，黏在行李箱的邊角，並且在剩下的90°部分塗上木工用接著劑。控制塗上接著劑的部分，即可避免行李箱本體沾到溢出的接著劑而變髒。

⓭用鑷子或手指抓住邊角兩側，讓兩端的皮革對合位置。

⓮在行李箱的所有邊角（8處）黏上皮革。

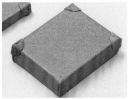

⑮用打洞器在距離厚紙邊角1.5～2mm的位置鑽0.8mm的孔，製作打入鞋釘的夾具。用夾具抵住上蓋與本體的所有邊角，用打洞器鑽孔（1角3處）。使用打洞器鑽孔時，務必使用夾具，夾具能防止皮革翹起。

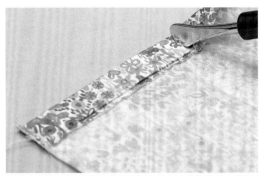

⑳在厚紙的表面以及側面塗上木工用接著劑，折下15mm黏著布料，在厚紙周圍與0.5mm縫隙部分用刮刀割出溝槽，牢牢地黏著。

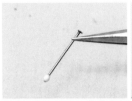

⑯在口徑0.5mm的首飾用T形針前端塗上少量的金屬用接著劑。接著劑溢出會產生斑點，要控制接著劑用量。用斜口鉗剪掉從內側突出的部分。剪斷T形針時針腳會彈出，要注意安全。

㉑依照厚紙的外形切割布料（本體需要2片、上蓋需要2片）。

⑰用鐵鎚或老虎鉗等工具敲打T形針針頭，將T形針打入皮革中。這麼做會比僅插入T形針更有真實感。

選擇內側布料的訣竅

用布料包覆厚紙。依照尺寸切割時，有可能會露出厚紙，不要選擇會讓厚紙過於明顯的素色布料。
細花紋布料能遮掩製作上的小瑕疵，建議第一次製作時選擇花紋布料。

▶製作內側

⑱《基底》內側的尺寸會因皮革厚度或黏貼方式而改變，先用游標卡尺測量內寸，依照實際尺寸製作基底。側邊高度為本體（實際尺寸＋1mm）、上蓋（實際尺寸－1mm），切割1mm的厚紙。

㉒對合邊角與折痕（0.5mm縫隙部分），剪掉布料厚紙長度進行調整。可先忽略剪掉的部分，對合兩邊邊角進行黏著。因為很容易搞不清楚哪個邊角已經對合，黏著時要多加注意。

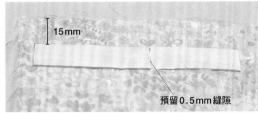

15mm

預留0.5mm縫隙

⑲《布料》用木工用接著劑將長短2片側邊厚紙黏在薄花紋布料上，預留0.5mm的縫隙與上面15mm的空間。

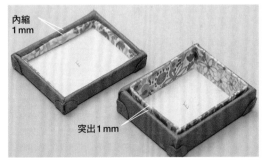

內縮
1mm

突出1mm

×NG

㉓以相同的尺寸調整上蓋部分，在黏著前組合上蓋與本體，並確認是否有產生縫隙。上蓋內縮1mm的空間。如果太低會露出皮革以及基底厚紙，必須特別注意。

不用在
1mm的部分
塗上接著劑

㉔連同上蓋與本體黏著內側布料。將布料黏在本體時，由於上側突出1mm，不用塗上木工用接著劑。

㉕用游標卡尺測量底板內側尺寸，墊上厚紙，依照內側尺寸切割厚紙。由於尺寸會因本體上蓋而有些微差異，可以事先在切割後紙張畫上記號。

微調尺寸

將布料黏在厚紙前，先組裝厚紙。如果能毫無縫隙地裝入厚紙，之後再加上布料的厚度，也能無縫隙地裝入底板。要取出厚紙時，可以插入美工刀刀刃，方便取出。如果用鑷子夾取厚紙，可能會造成厚紙或側邊布料損傷，因此不要使用鑷子。

㉖依照厚紙尺寸先預留約10mm的黏貼處，裁剪布料。因接著劑有可能在突出於正面的部分溢出，不在此部分塗上接著劑，用布料包覆厚紙，連帶4處邊角進行黏著。這時候要留意包覆的角度，避免從正面看到包在背面的布料。

㉗在背面的四處邊角與中央點狀塗上木工用接著劑，進行黏著。用刮刀按壓四邊，毫無縫隙地完成組合。

▶組合～製作外裝

2mm

㉘《裝上鉸鏈》剪掉微型模型專用的鉸鏈釘腳，留下2mm的長度。用美工刀輕刮安裝鉸鏈位置的皮革，可增加接著劑的附著力，避開釘孔塗上接著劑（使用AQURIA）進行黏著。

鉸鏈的位置

在上蓋角落皮革曲線的頂點與鉸鏈邊角對合的位置，黏上鉸鏈。

㉙用裝上0.5mm鑽頭的打洞器鑽孔，避免貫穿釘孔。再鑽入的瞬間要拿起打洞器，這樣就能防止貫穿釘孔。在釘子前端塗上金屬用接著劑，插入釘子。

鑽孔的失敗例子

用打洞器鑽孔貫穿行李箱的話，打開行李箱時就會看到孔洞。雖然沒有修補的方式，但可以藉由布料來掩蓋孔洞，布料花紋愈細，孔洞就愈不明顯。

孔洞貫穿行李箱

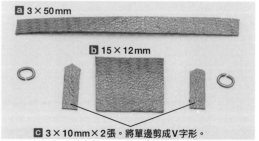

ⓐ 3×50mm
ⓑ 15×12mm
ⓒ 3×10mm×2張。將單邊剪成V字形。

㉚《製作把手》依照上圖的尺寸裁剪皮革，用2個0.5mm圓環或0.4mm C形環製作把手金屬零件。

❸❶在 **b** 背面中央塗上線條狀木工用接著劑，黏著 **a**。

❸❷將圓環（或 C 形環）穿過 **a** 的兩側，在 **b** 的中央 15mm 處塗上木工用接著劑，反折兩邊進行黏著，圓環位於反折處。

❸❸用 **b** 包覆 **a** 後折起，對合後黏著。

❸❹將 **c** 的背面朝上，穿過圓環三分之一的位置（V 字形部分位於外側），在前端塗上木工用接著劑，黏著折起處，製作連接行李箱本體的接合部分。

測量終點

測量起點

❸❺《裝上皮帶》用卷尺測量必要的皮帶長度（本體 1 圈＋行李箱上側周圍的長度）（參考尺寸：125mm 長）。以寬度 3mm 切割必要的皮帶長度。

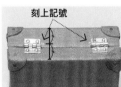

刻上記號

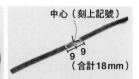

中心（刻上記號）

9　9
（合計 18mm）

❸❻在鉸鏈內側中心刻上記號，也在皮帶中心刻上記號，從距離中心 18mm 處塗上木工用接著劑，依照各記號位置黏上皮帶。

❸❼用木工用接著劑黏著皮帶，讓皮帶從底部垂直立起 23mm。

❸❽《皮帶固定環》將 3×10mm 皮革的兩短邊剪成 V 字形。

❸❾在行李箱上側往下 10mm 處畫上記號。用鑷子夾住皮帶固定環的中心，在兩端塗上接著劑，將皮帶固定環黏在記號處。用刮板按壓皮帶固定環增加密合性，用安裝 0.8mm 鑽頭的打洞器鑽孔，避免貫穿孔洞，在針腳剪為 2mm 的 T 形針前端塗上接著劑，插入 T 形針，再用鐵鎚敲入 T 形針。

❹❶決定好合適的位置後，讓把手突起部分與皮帶不會重疊，在把手的 **c** 部分塗上接著劑黏著。在連接部分用安裝 0.8mm 鑽頭的打洞器鑽孔，避免貫穿孔洞。在針腳剪為 2mm 的 T 形針前端塗上接著劑，插入 T 形針，再用鐵鎚敲入 T 形針。

在終點剪掉黃銅絲

起點

❹❶《扣環》依照左圖彎曲 0.5mm 的黃銅絲，製作 2 個扣環（寬約 4mm）。

❹❷將扣環穿過本體的皮帶（皮革穿過中央），依照上圖在 5～6mm 處塗上木工用接著劑，折回皮帶，對合本體上側邊緣進行黏著。將上蓋皮帶邊緣剪成 V 字形。

❹❸《名牌》用錐子在皮革邊緣鑽出較大的孔洞，用鑷子穿過剪成 0.5mm 寬度的皮革，將皮革繩穿過把手的 C 形環，將皮革繩兩端重疊後進行黏著。重疊部分位於把手的內側，固定扣環後即完成。

蔬菜的表現等 ～6種蔬菜、可樂餅、啤酒、火柴盒、帶狀捕蠅紙 製作教學：ASAMI

蔬菜（1）春高麗菜

運用超級球來製作高麗菜。重點在於皺摺表現。

▶原型塑形～製作高麗菜模型

❶揉合雙色AB補土的主劑與硬化劑，桿成2～3mm的厚度，將補土貼在超級球的表面。大致畫出高麗菜葉的葉脈，用細工棒或是牙籤、針、棉花棒等工具塑形。

防止雙色AB補土乾燥

在塑形過程中，當雙色AB補土表現變得乾燥時，可以在表面塗上少量的凡士林，讓表面更為光滑，也更易於塑形。

❷用捏成棒狀的鋁箔紙在補土蓋上皺摺，呈現高麗菜葉的細微皺摺，讓外觀更有真實感。去除菜梗根部等多餘的補土，完成塑形後等待補土完全硬化。

❸用藍白自取型黏土翻模。想要呈現更為細膩的外觀時，可準備數種高麗菜葉模型。

▶高麗菜葉翻模～上色

❹將樹脂黏土（使用MODENA）染成淡黃綠色，將少量黏土放入模型中（葉尖的厚度較薄），製作4～5片高麗菜葉。

黏土乾燥前的最後加工

為了表現高麗菜的球狀外形，若高麗菜葉黏土不夠柔軟，便無法將黏土鋪在基底上調整外形。因此，翻模後要趁黏土處於半乾燥狀態（翻模後的當天）時做最後加工。

❺在葉脈以外的部分覆蓋塗上薄薄一層綠色壓克力顏料，製造漸層色，上色時別忘了高麗菜葉的背面與剖面。

▶組合

❻用樹脂黏土製作出直徑10mm的黏土球（雖然黏土球會被高麗菜葉遮住，還是要使用染成綠色的黏土）。在黏土球塗上木工用接著劑，包上第一片高麗菜葉黏著。

❼一邊錯開高麗菜葉並黏著3～4片，著重於上側高麗菜葉的重疊平衡感，調整外形。

❽如果底部的高麗菜葉不夠大，可加上菜芯，塞入同為翻模後的黏土。

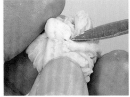

⑨為了使追加的黏土與葉脈融合，用美工刀切掉多餘部分。如果保留較長的菜梗，可以呈現剛收成時的原始外觀（出貨狀態前）。

⑩想要加強真實感時，可以用綠色顏料在部分區域上色，表現外葉的外觀。

應用：紫色高麗菜

改變上色的色彩，就能變成紫色高麗菜。運用有別於綠色高麗菜的上色方法，以及呈現粉狀表面的無光澤質感，看起來會更加逼真。

《表面上色》

使用基底為白色，經過上色的樹脂黏土。葉脈和菜梗部分也經過上色，變成紅紫色。

《菜梗塑形》

跟綠色高麗菜相同，要錯開數片葉子進行黏著。用白色樹脂黏土製作菜梗。

《表面質感》

用手指轉印米色或白色粉末狀顏料（參照右欄馬鈴薯製作教學），用畫筆或棉花棒替高麗菜葉內側上色。讓紫色高麗菜的表面宛如附著白粉，會更有真實感。

蔬菜（2）帶土馬鈴薯

在黏土撒上粉末狀顏料，製成帶土馬鈴薯。

▶塑形

❶首先揉合白色、米色顏料以及樹脂黏土（使用MODENA），製作出削皮馬鈴薯的色調。將圓頭裁縫針插入7mm黏土球。黏土球為橢圓等變形形狀較為理想。

❷用牙籤隨機刺入黏土球，製作凹陷的芽眼。等待黏土乾燥。

▶上色（印上土壤）

❸《粉末狀顏料》在紙調色盤上加水溶解焦茶色顏料與嬰兒爽身粉，待乾燥再用刮刀攪散弄成粉末狀。

❹用手指或棉花棒沾取粉末狀顏料，以轉印的方式上色。製造濃淡差異，更能呈現沾附土壤的感覺。

❺在芽眼中塗上加水溶解的顏料上色。

❻如果覺得顏色過深，可以調配米色或白色粉末，轉印在馬鈴薯表層上色，融合表面色調。

蔬菜（3）長蔥

利用矽膠翻模製作。

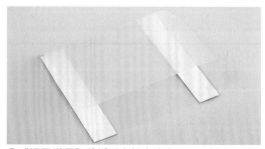

▶製作長蔥綠色部分的模型

❶將矽膠材質點心模具剪成寬1mm條狀。

▶翻模～上色

轉動矽膠條

❷揉合樹脂黏土與綠色顏料，添加淡色。將黏土桿成細長狀，捏平後包住矽膠，用指尖轉動細膠條，製作2個用黏土包住的矽膠條。

❸用深綠色顏料上色。

❹黏土乾燥後，從矽膠取下黏土。用單手平行拉開矽膠，就能俐落地脫模，將黏土製成筒狀。

❺斜切其中1根黏土，並切短長度。黏著2根黏土。

▶製作蔥白部分

將樹脂黏土桿薄製作蔥白部分。由於樹脂黏土很快就會乾燥，要在短時間內完成作業。

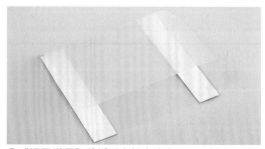

❻《桿平道具》將透明資料夾剪成10cm方形。將厚紙剪成長5cm×寬1cm的形狀，將雙面膠貼在透明資料夾的兩端。

❼揉合樹脂黏土與白色顏料，將黏土夾在資料夾之間，用刮刀桿薄。厚紙為參考基準，要將黏土延展成均一的厚度。

❽將黏土從資料夾剝除，用美工刀割成一半。

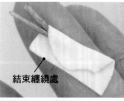
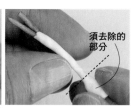

結束纏繞處

須去除的部分

❾將延展後的黏土放在步驟❺的零件，對折黏土圓形部分，再纏繞黏土。切割的部分為結束纏繞處。接著去除多餘的黏土。

❿為了避免結束纏繞處過於顯眼，用手指滾動黏土，讓黏土融合。

⑪捏住長蔥根部製造稍微隆起的外觀。靠近前端的黏土較薄。
用牙籤或美工刀輕搓下根，塑造乾燥粗糙的外觀。

⑫用米色顏料在下根塗上薄薄一層色彩。

綠葉部分前端的樣貌

剪掉長蔥葉的前端後，外觀看起來更像超市販售的長蔥了。沒有經過剪切的縮小前端，或是裂開的前端，也能呈現自然的外貌。

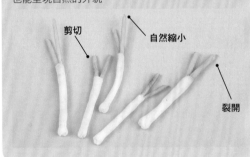

剪切
自然縮小
裂開

⑬可依據不同的展示風格，比照製作馬鈴薯的方式（P51），製作帶有土壤的青蔥。

變形或帶土的紅蘿蔔

在塑形階段可以製作分岔或大幅裂開的紅蘿蔔，或是依照馬鈴薯的製作方式，製作帶土的紅蘿蔔。

《分岔紅蘿蔔》

在細部塑形之前，先用剪刀把黏土剪成兩半，再開始塑形。在兩邊各自刻出橫線。

《大幅裂開的紅蘿蔔》

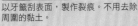

以牙籤刮表面，製作裂痕。不用去除周圍的黏土。

《帶土紅蘿蔔》

用手指在表面擦上粉末狀顏料，接著再用刷毛畫筆在裂痕部分上色，強調裂痕外觀，最後用削短筆尖的畫筆或牙籤在內側或分岔部分上色。

蔬菜（4）紅蘿蔔

製作漂亮的紅蘿蔔與變形的紅蘿蔔。

▶塑形～上色

❶混合橘色與白色顏料及樹脂黏土，由於橘色顏料乾燥後會非常顯色，選擇較不鮮艷的顏色才能呈現自然色澤。塑造出長20mm的紅蘿蔔外形。在紅蘿蔔頭插入牙籤，用美工刀或細工棒隨機刻出橫線，黏土乾燥後，在橫線描繪稀釋的白色顏料。

❷黏土乾燥後，拔出牙籤，用圓形刮刀在孔洞周圍製造輕微傷痕。在紅蘿蔔頭塗上淡綠色顏料。

▶製作蒂頭～最後加工

❸揉合樹脂黏土與顏料，將淡綠色黏土捏成細長狀，塗上木工用接著劑後塞入孔洞。用牙籤輕搓黏土，製造凹凸不平的外觀。

❹黏土乾燥後，用綠色及米色顏料上色，呈現漸層色。還要製作葉子交接處的髒汙外觀，讓成品更有真實感。

蔬菜（5）洋蔥

運用薄紙製作
外皮。還可以
藉由黏土的通透感
來製作新洋蔥。

▶茶色洋蔥（基本）

❶《塑形》揉合樹脂黏土（使用MODENA）與白色顏料，捏成水滴形狀。在底部插入牙籤後，等待黏土乾燥。

❷《製作外皮》使用透明顏料（不可使用壓克力顏料），在薄紙塗上薄薄一層茶色（紅棕色＋黃土色）。可以使用新衣服包裝內附的薄紙，或是點心杯隔層的薄紙。如果找不到薄紙，也可以使用日本半紙。顏料乾燥後，將薄紙剪成水滴形狀。

❸《黏上外皮》用木工用接著劑黏上外皮。先完全黏著包覆本體的數片外皮，接著覆蓋上去的最後數片外皮由於還要往上側扭轉，不用黏著。隨意地黏貼更能呈現自然的外觀。

❹《描繪線條》盡量用細頭畫筆描繪線條。洋蔥底部線條較粗，往前端逐漸變細。

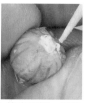

❺《製作洋蔥根》拔出牙籤，將染成米色的樹脂黏土捏成細長狀，塗上木工用接著劑後塞入洋蔥孔洞。摘掉多餘部分，用牙籤或細工棒輕搓，呈現乾燥粗糙的外觀。

▶紫洋蔥

基本製作方式跟茶色洋蔥相同。運用不同的上色方式營造氣氛。

❶《製作外皮》用透明顏料在薄紙塗上紅紫色，製造接近白色與深色部分的漸層。塗裝時在薄紙留下刷毛筆跡會更為自然。

❷《黏上外皮》用木工用接著劑黏上外皮。隨意地黏貼就能讓外觀更自然。當薄紙表面具有刷毛筆跡時，黏著時就要留意直向線條的角度。

❸《上色》保留底部的淡色，在上側覆蓋塗裝深紅紫色，以營造漸層色。
在前端覆蓋上一層茶色，呈現自然的外觀。

❹《根部》依照茶色洋蔥的方式做最後加工。

扭曲的洋蔥

若想強調洋蔥經長期保存而變得扭曲的外觀時，可以用染成綠色的樹脂黏土製作基底，透過薄紙讓顏色透出來。

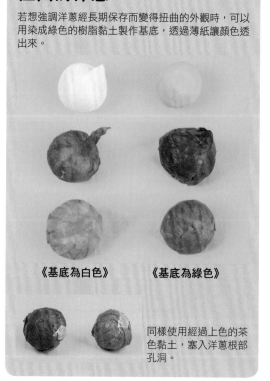

《基底為白色》　　　《基底為綠色》

同樣使用經過上色的茶色黏土，塞入洋蔥根部孔洞。

▶新洋蔥

❶《塑形》揉合樹脂黏土與白色及綠色顏料，製成非透明的樹脂黏土，將黏土捏成水滴形狀，插入牙籤等待黏土半乾燥。由於還要再覆蓋一層黏土，先製作較小尺寸的水滴形黏土。接著加入少量的白色顏料揉合樹脂黏土（使用MODENA樹脂黏土時，黏土與白色顏料的比例為30：1），桿薄黏土，包住綠色黏土。調整包覆黏土的水滴形狀，讓黏土呈現均勻的厚度。洋蔥底部朝上，隨機刻出長短線條。

活用黏土的透明度

揉合黏土與綠色及白色顏料，製成綠色基底黏土，即使黏土乾燥也不會有透明感。
可以利用包覆在綠色黏土上的黏土乾燥後產生的透明感，讓基底黏土的綠色透出來。由於基底黏土為不透明綠色，顏色能透出到外層。
樹脂黏土的透明度會因廠牌而有不同，不妨依照使用的黏土或喜好來調整白色顏料用量。

❷左邊為乾燥前，右邊為乾燥後。因產生透明感，隱約可見內部的綠色。

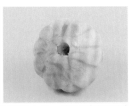

❸《上色》用稀釋後的茶色顏料上色。為了強調通透的綠色，這裡不使用過深的顏料上色。強調積聚於線條的顏料，產生立體感。依照基本洋蔥製作方式，在拔出牙籤後形成的孔洞根部塞入米色樹脂黏土。

❹《最後加工》由於新洋蔥的外皮不是乾燥狀態，呈現光澤的表面更有真實感，在此塗上清漆做最後加工。

蔬菜（6）烹調後的地瓜

表現剝開蒸地瓜與烤地瓜的質感差異。

▶塑形（共通）

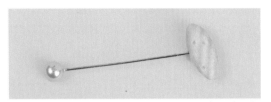

將黏土捏成兩側較尖的地瓜外形，插上縫紉針固定。依照製作馬鈴薯芽眼（P51）的方式，用牙籤挖洞。

使用的黏土

《蒸地瓜》 揉合樹脂黏土（使用MODENA）與黃色顏料。不加入白色顏料，以表現地瓜蒸熟的透明感。

《烤地瓜》 輕量黏土與樹脂黏土的比例為2：3，加入黃色顏料揉合。由於輕量黏土為不透明，不使用白色顏料。以黏土表現剛剝開地瓜、熱騰騰的黏稠感。

▶蒸地瓜

分數次覆蓋塗上薄薄一層紅紫色顏料，等顏料乾燥後再塗上清漆，就能表現地瓜剛蒸好的新鮮感。用美工刀切割地瓜後，以剖面的透明感呈現剛蒸好的外觀。在外皮內側數公釐處塗上微量白色與黃色混合的顏料，往內側自然變得模糊，呈現交界外觀。

▶烤地瓜

用米色與紅紫色上色，刻意呈現濃淡不均的外觀。用粉末狀茶色顏料在整體製造烤色。先在基底用奶油色顏料上色，再覆蓋焦茶色，強調地瓜的烤焦部分。用手直接剝開地瓜，沒有使用美工刀切割，藉由輕量黏土的特性呈現熱騰騰的感覺。如果僅使用樹脂黏土製作，光用手並無法剝開黏土。

可樂餅（油光表現）

用消光透明漆或清漆表現表面油光。使用以小麥黏土製成的麵包製作表面麵包粉。

❶《塑形》揉合樹脂黏土與顏料，製作奶油色本體，尺寸為 7mm 左右的草包形。由於要加上麵衣，本體的體積會比預設的尺寸略小。

❷《裹上麵包粉》使用以小麥黏土製成的麵包，或是與基底樹脂黏土相同的黏土，等黏土乾燥後用磨泥器磨碎。將草包形黏土插入縫紉針，在整體塗上木工用接著劑，將黏土埋進麵包粉中，均勻地撒上麵包粉。

❸《上色》黏土乾燥後，塗上稀釋的茶色顏料。用畫筆刷塗的過程中，會造成麵衣剝落或黏土溶解，可以用滲入的感覺來上色。另外可使用清漆、消光透明漆或 UV 膠來表現油光。

❹《盛裝》用薄木片裝可樂餅，看起來會更像市售的可樂餅。由於市面販售的薄木片較厚，可用砂紙打磨，將薄木片剪成方形後盛裝。

❺從油鍋剛拿起來的可樂餅並沒有經過完全瀝油，可塗上大量的清漆、消光透明漆或 UV 膠，呈現剛炸好的可樂餅外觀。

等待乾燥的便利固定方式

在製作馬鈴薯、紅蘿蔔、可樂餅時，可插入縫紉針固定等待黏土乾燥；製作洋蔥或紅蘿蔔時則是插入牙籤。由於無法長時間手持，要以各種方法固定黏土。

a 插入尚未乾燥的油性黏土。b 插入捲成圓形的紙板孔洞。c 插入海綿。d 用圓頭夾固定（較輕的黏土）。e 用圓頭夾固定（牢牢固定）。

啤酒（泡沫表現）

以矽膠杯為底台更易於製作氣泡從玻璃杯冒出的表現。

❶《液體部分》混合 UV 膠與黃色模型塗料，調成啤酒色。倒入市售玻璃杯或啤酒杯約七分滿，等待硬化。

❷《泡沫》混合 UV 膠與模型用雪粉、石灰、白色顏料或模型塗料，用牙籤注入泡沫直達杯緣，並等待其硬化。

從杯口溢出的泡沫

運用真實的泡沫材料製作溢出啤酒杯的泡沫。

在矽膠杯上將泡泡注入液體部分硬化的啤酒杯。注入到自然溢出的程度，等待泡沫硬化。UV 膠不會黏住矽膠，可輕易取下矽膠杯。由於泡沫底部沒有硬化，要放倒啤酒杯讓泡沫底部硬化。

家庭號火柴盒

將家庭號火柴盒與P58的
蚊香一同配置在場景中,
形成絕佳的搭配。

剖面
削薄部分
原本的
厚度

❶《火柴》用美工刀切削厚1mm的檜木棒,再用砂紙
削薄。

❷將檜木棒切成與厚度相
同的寬度。由於先切短長
度會難以作業,暫時保持
原有長度。

插入海綿固定

❸用少量的水溶解樹脂黏土,可攪
拌黏土混合,用喜歡的顏料上色,
再加入鐵道模型用料,呈現粗糙質
感。由於黏土乾燥後會很顯色,不
可過度上色。將黏土塗在切削後的
檜木棒前端,等待黏土乾燥,再將
檜木棒統一切成6～7mm的長度。

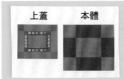

上蓋　本體

❹《火柴盒》參考照片與
尺寸圖,用電腦設計後印
在厚紙上。接著用木工用接著劑組合。

《實際大小尺寸圖》

3	12	3		5.5	10.5	5.5
3	★			★		★	5.5
8	上蓋				本體		8
3	★			★		★	5.5
	1.5					

▨ 剪下處
▢ 切口
★ 黏貼處

 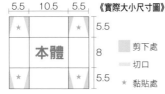

❺用黏土墊高本體底部,將火柴碎料鋪在下方,在上方
鋪上火柴。蓋上上蓋完成製作。可以自由開啟上蓋取出
火柴。

帶狀捕蠅紙

懷舊的帶狀捕蠅紙是能融入昭和風
景的日常用品。

❶《帶子》薄紙塗上茶色
顏料(與P54洋蔥外皮相
同),將薄紙剪成長條狀。

❷塗上極度稀釋的木工用接著劑,將帶子纏繞在牙籤
上。因接著劑的黏性得以保持薄紙的形狀。

ハエとりリボン
超強力　　超強力

從這裡開始捲

❸《紙筒》將厚紙剪成細長狀,隨個人喜好印上圖案。

❹將厚紙起點纏在原子筆
或圓細工棒上,整出蜷曲
形狀。在起點10mm處塗
上木工用接著劑,捲起厚
紙,並用接著劑黏著終點。

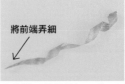 

將前端弄細

❺將帶子前端搓細,塞入紙筒中心,黏著固定。

蚊香

蚊香是夏季的
代表用品。

▶蚊香

❶ 0.7mm黃銅絲剪成75mm長。用鉗子固定邊緣，一邊捲起黃銅絲一邊用鉗子夾住，讓黃銅絲保持平坦，捲成有縫隙的漩渦狀。

末端的處理

在捲黃銅絲時，末端很難呈現漂亮的曲線外形。

用鉗子剪斷末端5mm長度，就能呈現漂亮的圓形。以斜剪的方式會更有蚊香的真實感。

❷ 將黃銅絲放在鐵板上，用鐵鎚敲打整平，弄成蚊香的形狀。

❸ 用雙面膠將蚊香固定在木片上，再用矽膠硝基噴霧噴上喜歡的顏色，塗料乾燥後同樣在背面上色。蚊香的顏色會因地區而有所不同。

❹ 使用不透明的紅色溶劑系壓克力樹脂塗料（使用Mr.COLOR）在蚊香前端上色，呈現燃燒的模樣。

▶底座

《實際大小尺寸圖》

8.5

6　■剪下處

5mm 切口

❺ 用厚0.2mm的馬口鐵板或是鋁板，依照尺寸圖剪切。用廚房剪刀也能輕易剪切。拉起固定蚊香的部分。

❻ 在立起部分黏上蚊香。若使用馬口鐵板，須用焊接方式固定；若使用鋁板，則是使用金屬用接著劑或瞬間膠黏著。若採取焊接的方式，難以在塗裝部分固定蚊香，可剝除黏著部分的塗裝。

應用範例
在倒油口黏上鉚釘，或是貼上商品名標籤，藉由舊化加強真實感（用壓力機製作凹凸側邊）。

18公升鐵桶

介紹鐵桶的基本製作方法。可黏上商品名稱或倒油口，或是以舊化技法增添變化性。

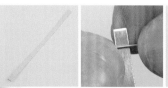

▶本體塑形作業

上蓋

本體

底部

❶使用0.2mm厚的馬口鐵板，側邊為28×82.5mm，上蓋與底部為單邊20.5mm正方形。

對合邊緣

❷以20mm的木頭角材當作夾具，將本體邊緣對合夾具邊角，把馬口鐵板折成四方形。

2.5mm重疊部分

❸將側邊的2.5mm處重疊。接著用夾具抵住重疊的部分，並用鐵鎚敲打讓邊緣彎曲。

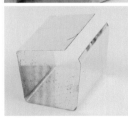

❹焊接重疊部分。

▶把手的塑形～組合

❺用鐵絲狀物品（鑽頭等）抵住寬4mm的馬口鐵板，將馬口鐵板折成兩邊。

老虎鉗

折曲鐵絲

❻用老虎鉗夾住折曲部分，將馬口鐵板折90°。將多餘部分剪短，對齊長度。

寬度6～6.5mm

銼刀的剖面形狀

❼將0.5mm不鏽鋼鐵絲放在銼刀等橢圓形平面上，纏繞鐵絲製作把手。

❽在上蓋畫出對角線狀記號，決定中心位置。用砂紙磨圓四角。

❾組合步驟❻的零件與把手，焊接在上蓋中心位置。

❿焊接上蓋與底部及側邊。

焊接的位置

若焊接的焊料過量，會從表面溢出，相當顯眼。可以先在邊角塗上焊料，在焊接時以刮刀延展焊料，效果更佳。

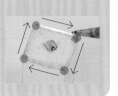

小豬蚊香爐

懷舊的小豬造型蚊香爐。
使用石粉黏土展現陶器的簡樸之美。
還可以將蚊香放在裡面。

運用塗裝呈現長年的使用感。

▶模具塑形～製作模具

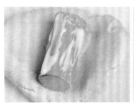
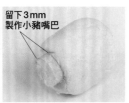

留下3mm
製作小豬嘴巴

❶將直徑8mm的圓棒切成20mm的長度。在圓棒塗上接著劑,用黏土(只要是能夠硬化的黏土,不拘種類)包住圓棒,讓圓棒突出3mm。

❷剪一段較長的風箏線(參考尺寸10cm)。由於要將風箏線當作作業的把手,長一點會更易於作業。在整條風箏線塗上木工用接著劑,黏在黏土周圍。因為只有用到上半部的模具,要調整上側外觀。

調整平衡感

突出的圓棒為小豬的嘴巴,外觀平衡感會因黏土量或纏繞方式而異,若洞口尺寸太細可用黏土包覆厚紙,調整尺寸。一邊讓本體乾燥一邊製作,就不會變形。

❸黏土乾燥後,在整體塗上瞬間膠固化。用藍白自取型黏土翻模,要讓黏土完整蓋風箏線的高低差等邊角。取下模具,切掉藍白自取型黏土的多餘部分。

▶翻模～成形

❹《翻模》用石粉黏土製作2個翻模,內側為空洞。放置1天至數日,確認黏土完全乾燥後取下黏土。

❺《成形》用美工刀切掉毛邊,對合翻模後的2個黏土,用砂紙打磨對合面。

❻在對合面塗上木工用接著劑,黏合2個黏土。由於最後要用美工刀切齊小豬臀部,要盡量讓臉部和線條位置對合。

❼接著劑乾燥後,用美工刀切齊臀部。

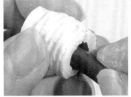

⑧捲起400號曲面用砂布，將砂布從小豬臀部伸入，打磨內側，擴大內側空洞。採同樣的方式打磨嘴巴。

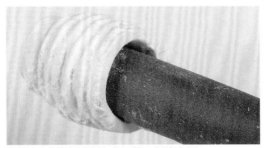

⑨擴大空洞後用砂紙包住圓棒，打磨內側。

⑩融合兩邊黏土的接縫，在表面與空洞內塗上溶於水的石粉黏土。接著在線條偏移的部分塗上石粉黏土，讓偏移不會太明顯。

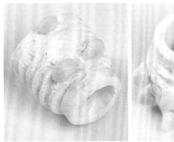

⑪《耳朵、尾巴、腿部》用石粉黏土製作所有部分，再用木工用接著劑黏著。在頭部黏上2個三角形狀耳朵，在臀部黏上半圓形尾巴。耳朵與尾巴乾燥後，再用4個整圓的黏土製作腿部。

黏著零件時所產生的縫隙

在黏著細小零件時，若是用接著劑填補縫隙，會破壞原有的形狀。因此，先用接著劑黏著零件並等待接著劑乾燥後，再用加水溶解的石粉黏土填補縫隙，才是理想的方式。

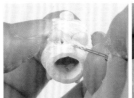

⑫用手鑽鑽出2個眼睛孔洞，以及安裝鐵絲，用來懸掛小豬蚊香爐的2個孔洞。

⑬用綠色顏料在背部畫出三角圖案，以及眼睛之間的點狀圖案。

⑭用牙籤將折成U字形的鐵絲插入背部孔洞，從內側折曲鐵絲。

⑮用鐵絲掛住使用樹脂黏土製成的蚊香。

蚊香

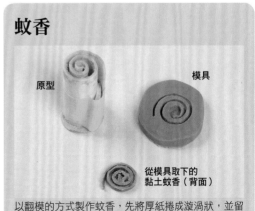

原型　　　　　　模具

從模具取下的
黏土蚊香（背面）

以翻模的方式製作蚊香，先將厚紙捲成漩渦狀，並留下縫隙，製作原型。塗上瞬間膠讓原型硬化後，再用藍白自取型黏土製作模具。揉合綠色與白色樹脂黏土（使用RESIX），以翻模方式製作蚊香。

室內用掃帚

使用真實材料，大幅增加
真實感。

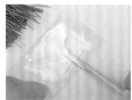 

❶《掃帚枝》將掃帚（從百元商店可買到的款式）的
乾枝排在一起，用圓頭夾固定。

❷剪掉掃帚枝，預留較長的長度。

❸《掃帚枝根部～掃帚柄》將草紙剪成 30 × 40 mm
的尺寸，塗上大量木工用接著劑，把用圓頭夾固定的掃
帚枝放在草紙上面。

❹插入掃帚柄，在上面塗上大量的木工用接著劑。

掃帚柄的材料

使用拆解後的竹簾條製作掃帚柄。同樣可在百元商店
購買竹簾。

❺將草紙蓋在掃帚柄上面
等接著劑完全乾燥。讓接
著劑分布在掃帚枝整體，
避免掃帚枝解體。

❻接著劑乾燥後，用剪刀把掃帚枝上側剪成圓形。

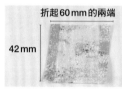

❼《保護套》將薄布剪成
60 × 42 mm 的尺寸，在邊
緣塗上口紅膠，折疊薄布
防止散開。

❽往內對折，平針縫合紅
色虛線處 ▬ ▬，打結線
尾後剪掉縫線。

❾將掃帚對合線條，預留
空間後在另一側的縫線位
置畫線。

❿依照另一側的畫線平針縫合，不用縫合掃帚柄插入
口。接著剪掉多餘的布料，將插入口剪成 V 字形，翻回
正面。

⓫將保護套插入掃帚柄

⓬《製作掛勾～最後加工》將花藝鐵絲黏在掃帚柄前
端，呈 U 字形，再纏繞花藝膠帶，覆蓋掃帚柄前端。最
後剪齊掃帚枝前端。

竹掃帚

在製作用於戶外的竹掃帚時,先在掃帚柄前端纏繞雙面膠,黏上從實體掃帚取下的竹枝。從竹枝根部纏繞鐵絲,固定竹枝,完成最後加工。

掃帚材料

掛鐘

將木材裁剪成圓形,製作數字盤。即使沒有專用工具,只要選用輕木材料,即可將木材加工成圓形。

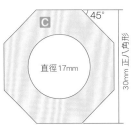

D 45°
直徑17mm
23mm 正八角形

C 45°
直徑17mm
30mm 正八角形

16   5
B A B
30
35mm
5

《實際大小尺寸表》
自行影印後裁剪

＊使用厚2mm的輕木材料。

＊除了圖樣的標示材料,還要準備適量的厚2mm×寬5mm輕木材料(E),依照實際尺寸包覆時鐘周圍。

＊由於要依照實際尺寸使用厚1mm輕木材料,製作鐘擺的前蓋,另外要準備短邊20mm以上的四角形材料(F)。

▶剪下材料～塗裝

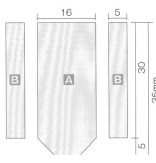

E包覆側邊的木片

鐘擺
(請參考下頁製作方式)

F前蓋

❶依照各尺寸剪下厚2mm的輕木材料,用油性著色劑塗裝,等待乾燥。

油性著色劑乾燥過程

折起報廢的紙張邊緣,即可當作簡易的乾燥立台。

鑽出圓孔

使用打孔器或圓規刀等工具，即可輕鬆地在木材鑽出孔洞。即使沒有專門工具，若是選用輕木材料，並用美工刀慢慢切割後再用砂紙打磨，也能製造出漂亮的圓形。

在圓形內側切割三角形，另外也能切割成六芒星般的逆三角形。

慢慢地割下邊角，擴大空間。接近加工線的內側時就要停止切割。

用曲面用砂布包住圓棒，慢慢地打磨到加工線的位置。

▶組合

❷《本體》用木工用接著劑將 B 黏在 A 的兩邊。

❸將 E 黏在上側，依照實際尺寸切割。

被邊角擋住

磨掉邊角

❹用 E 包覆斜下面。由於先前黏著的 B 邊角產生阻礙，難以毫無縫隙地黏著，要先用砂紙磨掉邊角。黏著兩斜面，依照實際尺寸切割長度。

磨掉邊角

❺接著在下側黏上 E。跟斜面相同，會受到邊角阻礙而產生縫隙，要依照實際尺寸以砂紙打磨。

❻《鐘擺》將花藝鐵絲前端折圓，再黏上首飾配件（使用燙鑽），接著用金屬壓克力顏料上色。

❼將木片黏在上側。依照實際尺寸，使用切割後的碎片也沒關係。將鐘擺的上側鐵絲折成 L 字形後，接著黏在木片上。折成 L 字形後，更容易將鐘擺重疊部分固定在正面。

❽《正面蓋子》將曲面用砂布包住原子筆，打磨木片中央，呈現半圓形凹陷。

❾對合不會遮住鐘擺的位置，依照尺寸切割與黏著。

❿《數字盤》對合圓形的位置，將 D 放在 C 上，進行黏著。用紙張印出喜歡的數字盤圖案，從背面黏上數字盤，將整個木頭數字盤黏在掛鐘上側。用油性著色劑塗裝依照實際尺寸切削的剖面。

塗上染黑液製造化學反應，染黑金屬

用來製作袖珍屋的金屬板，分為鋁、黃銅、不鏽鋼、鉛、馬口鐵等各種材質，我們能透過各有特色的色澤、質感、加工方式來選擇金屬材質，也能用符合素材特性的金屬噴霧塗裝金屬。因此，金屬板是呈現作品真實感所不可或缺的材料。

在塗裝的步驟中，依照種類或加工方式，可以在保持金屬質感前提下改變表面顏色。但如果想要呈現如同鋼鐵般的黑色，可採用「染黑」的方式。

將想要染黑的零件放進染黑液，藉由化學反應讓表面呈現黑色生鏽外觀。即使是細小零件，也不會出現因塗裝而造成的厚度問題，能輕鬆染黑零件。

在網路上即可購得染黑液，但要小心使用，所需的液體種類也會因想要染色的材質而有所不同，因此要多加留意。

染黑液為藍色液體。

❸研磨表面。在化學反應下所產生的黑粉會附著在金屬表面，要仔細地去除。

如何停止化學反應

依據染黑液的反應時間或清洗方式，有時候會呈現藍色色調。如果要製造金屬表面的藍色色調，可以使用透明硝基塗料或底漆上一層鍍膜。

幾年前製作的名牌依舊殘留藍色色調。

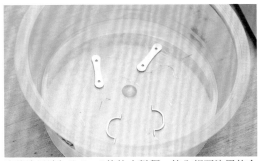

❶將染黑液加入5～6倍的水稀釋，放入想要染黑的金屬。當金屬表面沾附油脂時，會難以染出漂亮的顏色。此外，氣溫等條件也會影響化學反應的狀態。操作過程中要避免用手碰觸液體。

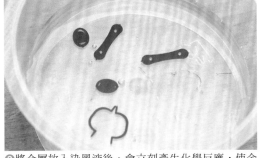

❷將金屬放入染黑液後，會立刻產生化學反應，使金屬變成黑色。在浸泡5～10分鐘後拿出金屬，用水沖洗，停止化學反應。

左）染黑金屬加工，製作方形燈籠麻葉花紋圖樣水印。
下）桐木衣櫃的金屬零件大多為鐵材質，透過染黑技法加工，即可呈現透過塗裝難以表現的細膩作工和釘孔。

《使用零件》
自行設計的零件可先用Illustrator製版，再請專門業者協助製作零件，以腐蝕金屬板的技術製作而成。

木製電線桿

現在已經很難見到木製電線桿。
這是昭和街景中不可或缺的物件。

▶製作本體

❶將直徑15mm的輕木棒切成600mm的長度，再塗上木材著色劑（使用JOSNIA茶色木材著色劑）。塗上濃淡不均的顏色，更能呈現電線桿經長年使用的狀態。

▶A上蓋

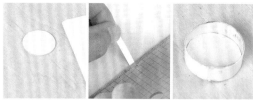

❷將日本粉畫紙剪成直徑15mm的圓形（使用打孔器或圓規刀會更加方便）。用剪成寬5mm的日本粉畫紙纏繞電線桿本體，依照必要尺寸切割。用尺捋一下日本粉畫紙，讓紙呈蜷曲狀。在圓形日本粉畫紙側面塗上接著劑，黏上蜷曲的畫紙，再黏著邊緣。

❸若5mm的日本粉畫紙露出邊緣，可適度打磨，再塗上Mr. METAL COLOR的深鐵色塗料。塗裝後用布輕磨表面，製造金屬光澤。

❹用美工刀稍微切削電線桿前端，再用木工用接著劑黏合上蓋。

▶B絕緣礙子

❺將5mm的檜木角棒切為長120mm的2根，用木材著色劑上色，然後等待著色劑乾燥。

❻用美工刀在直徑5mm的圓棒邊緣刻出一圈紋路。在1mm內側用鉛筆畫上記號，從記號往紋路方向切削一圈。用銼刀將美工刀雕刻紋路的邊角磨成圓弧狀。

❼留下2mm前端後切割圓棒。用砂紙磨圓，在下側6mm處切割。整根絕緣礙子高度為8mm。

❽用錐子在前端鑽孔，再用手鑽擴大孔洞，孔洞不要貫穿底部。先用錐子鑽孔，中心位置不易偏移，如果一開始直接用手鑽鑽孔，會貫穿木頭。

❾用雙面膠固定木片，塗上石膏底料，石膏底料乾燥後再用砂紙打磨。第一次塗上石膏底料後，木紋就不會過於明顯。接著再塗上一層石膏底料。

❿在距離20～30mm的位置，噴上白色亮光噴霧。

⑪先在角棒釘上釘子。塗上木工用接著劑，將釘子釘在電線桿上固定角棒。

⑫黏著絕緣礙子。

▶ C 攀爬腳座

⑬用鉗子折曲1.5mm黃銅棒邊緣，剪成約18mm的長度，用銼刀整平剖面。

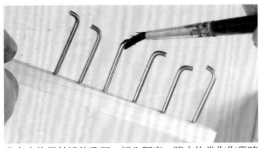

⑭在木片鑽較淺的孔洞，插入腳座，將木片當作作業時的把手。塗上底漆，乾燥後塗上Mr. METAL COLOR的深鐵色塗料。塗裝乾燥後，用布摩擦製造光澤。

⑮用手鑽在裝設腳座的位置鑽孔，塗上多用途接著劑插入腳座黏著。

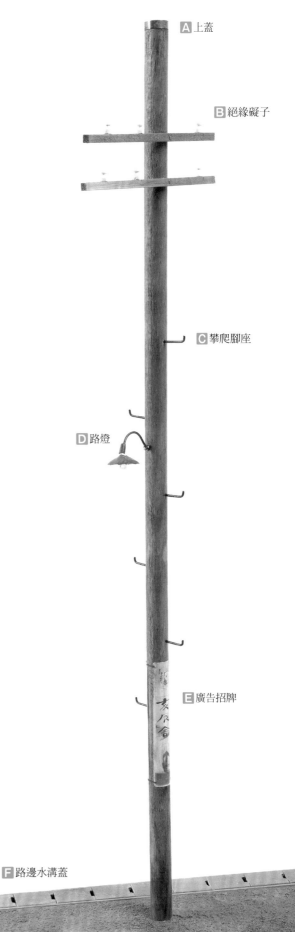

A 上蓋

B 絕緣礙子

C 攀爬腳座

D 路燈

E 廣告招牌

F 路邊水溝蓋

G 未鋪裝的地面

⑯《燈罩》將日本粉畫紙剪成直徑26 mm正圓形。在中央畫上記號,用美工刀刻出一處刻痕。將圓形畫紙折成傘狀,用木工用接著劑黏著。

⑰在確認接著劑完全乾燥後,用沾水的畫筆弄溼燈罩內側,將燈罩蓋在圓形物品(螺絲起子握柄等)上面,讓燈罩的雨傘形狀變得更為圓潤。

⑱在整個燈罩塗上石膏底料,等待石膏底料乾燥。石膏底料硬化後能維持燈罩圓潤的形狀,由於具有強度,可以用砂紙打磨塑形。

⑲《安裝部分》用圓棒折彎1.5 mm黃銅棒,製作燈架。依照製作 C 腳座的方式,使用底漆與Mr. METAL COLOR的深鐵色塗料塗裝。

⑳用砂紙磨圓直徑4 mm的圓木棒前端,塗上石膏底料。若石膏底料表面產生筆跡,要用砂紙打磨,再用手鑽於前端鑽出1.5 mm孔洞。

㉑在步驟⑲的零件塗上接著劑,插入孔洞,切割圓棒。

㉒《組合》在圓棒的剖面鑽孔,黏上燈罩。將燈罩前端插入孔洞,就能無縫隙地黏著。

㉓接著替燈罩塗上喜歡的顏色,視情況用砂紙打磨後覆蓋塗裝,最後塗上清漆。

原本的外形　　　　　　　　　　切削根部

㉔用電動研磨機切削5 mm LED燈泡根部,呈現鎢絲燈泡的外形。在燈泡根部塗上茶色塗料(本作品的燈泡沒有點亮)。

㉕從根部剪斷LED燈泡燈腳,將燈泡黏在燈罩中央。

㉖將開孔的首飾用金屬零件插入燈架(若是孔洞太小可以用電動研磨機擴大)。在電線桿的路燈安裝部分鑽孔,塗上多用途接著劑後插入路燈。

▶ E 廣告招牌

㉗依個人喜好設計招牌（參考尺寸：90×20mm），將印刷的設計圖貼在日本粉畫紙上，用美工刀切割，並削圓邊角。

㉘將招牌抵在圓棒上，呈現弧度，在整面招牌塗上清漆後等待乾燥。

㉙用舊布沾取顏料，擦拭招牌施加舊化。因為已經先上一層清漆作為保護膜，不會產生濃淡不均的外觀。

㉚用手鑽在招牌邊角鑽孔，在折成ㄈ字形的鐵絲前端塗上多用途接著劑，插入鐵絲。

未鋪裝的道路

運用紋理材料調整質感。

▶ F 路邊水溝蓋

❶在ㄈ字形的檜木棒內側兩端，黏上高度較低的檜木棒，呈現水溝2mm的高低差（底部參考尺寸寬20mm）。

❷使用與底部同寬的厚2mm檜木棒，製作路邊水溝蓋。在水溝蓋與水溝塗上陶灰泥，增添表面紋理，用灰色顏料上色後進行舊化。

❸切齊長度。要切割數片材料時，可以將夾具安裝在切割輔助器上，方便對齊尺寸。

補翻

❹在ㄈ字形缺口部分畫上記號。先用美工刀在兩端割出切口，再用鋸子切下記號處，能讓切割更加容易。在切割面塗上深灰色顏料，強調陰影。

❺排列水溝蓋，黏著固定。

▶ G 未鋪裝的地面

❻使用厚9mm的合板。用筆刀塗上樹脂砂，確認樹脂砂乾燥後，在部分區域塗上陶灰泥，或是撒上模型用砂子，改變表面紋理。最後以塗裝方式加工。

ASAMI　ミニ厨房庵

京都造形藝術大學景觀設計學系畢業。主要研究及學習基於空間設計與環境設計的設計領域，也是一位活躍的京都植木職人。2008 年回老家協助「ミニ厨房庵」店面經營至今。在京都以兒童教室為首，積極舉辦製作活動，包括百貨公司活動等體驗教室。曾作為微型模型講師多次參與電視節目演出。負責策劃與製作「ミニ厨房庵」商品與作品。

〒 116-0011 東京都荒川區西尾久 5-13-2
TEL&FAX.03-3893-0996
http:// minityuan.ocnk.net/　tomotomo@minityuan.ocnk.net

kinoe-ne

岸本加代子
安田隆志

1995 年開始製作袖珍屋。主要以昭和街景為主題，發表許多使用真皮製成的作品。2000 年起於各地百貨公司等地點舉辦展覽，以《韓日作家展》（首爾日本大使館）為首，包括大阪、西宮、岡山等地多場個展。2013 年於藤枝市鄉土博物館展出。曾多次受邀參與電視演出與新聞採訪。也為電視廣告與企業宣傳刊物提供作品。此外還有在難波公園與自家開設製作教室。

〒 662-0032 兵庫縣西宮市樋之口町 10-1-302
TEL.090-5159-3401　http://www.kinoe-ne.jp
kinoe-ne.kino@i.softbank.jp

河合朝子
ミニ厨房庵

1990 年開始自學製作袖珍屋。此後繼續學習袖珍屋的基礎製作知識，與河合行雄一同設立袖珍屋商店「ミニ厨房庵」，開始接受海外訂單、海外展出、店鋪經營、網路販售、微型模型等活動。曾多次參與各大百貨活動、個展、電視節目演出。

〒 116-0011 東京都荒川區西尾久 5-13-2
TEL&FAX.03-3893-0996
http:// minityuan.ocnk.net/
tomotomo@minityuan.ocnk.net

Doll house Factory
小島隆雄

1954 年生於名古屋。在從事店面設計、施工等工作之餘，因個人興趣開始製作袖珍屋，在名古屋、橫濱等地舉辦過數次個展。曾參加東京電視台《電視冠軍第一屆袖珍屋錦標賽》，以及名古屋電視台袖珍屋特集等節目，出色作品陸續問世。2010 年、2015 年參與島根縣松江英式庭園的袖珍屋展、2011 年參與鳥取市歷史博物館的袖珍屋展、2012 年參與島根縣濱田市世界兒童美術館的袖珍屋展、2013 年參與高知縣立美術館的袖珍屋展、2014 年參與青森縣立鄉土館、沖繩 TOMITON 的袖珍屋展、2015 年參與盛岡市 Nanak 的袖珍屋展、2016 年參與前橋市鈴蘭百貨的袖珍屋展。為日本微型模型作家協會職人會員，現擔任 NHK 京都文化中心、NHK 豐橋文化中心講師、VOGUE 學園大阪心齋橋校區袖珍屋教室講師。在自家開設袖珍屋教室。2013 年 7 月起於名古屋榮中日文化中心袖珍屋教室授課。著有《小島隆雄的 Doll house：袖珍屋的世界》（暫譯，學研）、《小島隆雄の袖珍屋教本》（楓葉社）。

〒 460-0007 愛知縣名古屋市中區新榮 2-37-16
TEL&FAX.052-262-4866
https://www.facebook.com/takao.kohima
https://www.instagram.com/miniatureworks.tk0814

河合行雄
ミニ厨房庵

製作加工金屬後的微型鍋子或調理器具。在各大媒體發表作品。於東京開設袖珍屋商店「ミニ厨房庵」，開始接受海外訂單、海外展出、工作室兼店鋪經營、網路販售、微型模型等活動。曾於各大百貨、個展、活動展出，並多次登上電視節目、新聞報導、企業雜誌專欄等。多次接受國外博物館委託製作與展出。其作品曾登上國外電視廣告，獲得國外媒體介紹，也曾登上國外雜誌（活動名稱 TYA kitchen）。Japan Guild Artisans 認定會員（金屬加工）。

〒 116-0011 東京都荒川區西尾久 5-13-2
TEL&FAX.03-3893-0996
http:// minityuan.ocnk.net/
tomotomo@minityuan.ocnk.net

1962 年生於奈良縣。2011 年於神戶新聞立體透視模型教室向吉岡和哉老師學習。2012 年獲得全國 JMC 模型大賽「Supporters」獎項、名古屋創作祭典「最優秀賞」。2015 年就任 Modeler's Festival 實行委員長。

シック・スカート
クラフト工房 シックパパ

〒 634-0824 奈良縣橿原市一町 542 ガレージケイ b 棟マ
TEL.090-9219-4545
mokeidaisuki.sachan@gmail.com

田口裕子

-kyoto- まめひろ

生於京都市。1994 年在書店閱讀有關袖珍屋的書籍後，開始使用黏土製作袖珍屋，之後在教室學習袖珍屋製作。以日式物品為中心，製作店面和食物等袖珍模型。曾參與東京國際微型模型展、Japan Guild 微型模型展、各大百貨等活動展出。

fhawp907@yahoo.co.jp
https://www.instagram.com/mamehiro1202

Dollhouse ROSY

宮崎由香里

1969 年生於北海道。2002 年透過電視廣告認識袖珍屋，開始製作原創作品。曾參與協會活動及百貨活動展出。隸屬於日本袖珍屋協會、Japan Guild 日本微型模型作家協會。

現居茨城縣
http://rosyanneg.blog81.fc2.com
rosyanne-g@jcom.home.ne.jp

本書作家簡歷

1950 年生於長野縣。1997 年開始製作袖珍屋與微型家具，2000 年設立袖珍屋與微型模型製作教室「T's Room」。2003 年起於東京國際微型模型展展出，至今每年都有固定展出。2003 年受 BANDAI 公司委託，修復百年前的袖珍屋。2007 年共同製作《季節圖鑑》12 個月（小學館），2010 年共同製作江戶吉原「遊郭扇屋」1/24 比例作品。2010 舉辦由日本袖珍屋協會中央 BLOCK 主辦的《第一屆共同作品展》，2013 年舉辦《冬季袖珍屋展》，之後每年舉辦作品展至今。2014 年舉辦《袖珍屋作家事典 2014》出版紀念展（丸善本店）。2015 年於東京都練馬區櫻台設立「T's Room」袖珍屋教室。2015 年協助修復 Puppenhous 館藏（箱根袖珍屋 M 展出）。2016 年開始籌備《男人的微型模型展》企劃，於同年舉辦《男人的微型模型展》（東急 HANDS 東京店、池袋店）。擔任日本 DIY 協會公認講師，以及讀賣、日本電視台文化中心講師、YORK CULTURE 中心講師。

土屋 靜 T's Room

〒 176-0012 東京都練馬區豐玉北 4-5-16-701
TEL&FAX.03-5999-3835
ts-room@va.u-netsurf.jp

Atelier 2CV

ふるはしいさこ

生於東京。武藏野美術大學造形學部空間演出設計學系畢業。曾任職於商業設施設計公司，之後設立 Douche Veau 設計公司，從事國內外商業設施設計工作。2001 年開始製作微型模型，2002 年獲得袖珍屋大賽銅賞（之後獲得 2003 年銀賞與 2004 年銅賞）。2005 年於《和風袖珍屋 製作傳統旅館》（DeAGOSTINI）刊登作品。2006 年協助《季節圖鑑》（小學館）參與作品製作。2008 年於《創作市場 袖珍屋玩樂3》刊登作品（Maria 書房）。2009 年起於芝加哥國際微型模型展參展（Chicago Internationl Miniature Show），2010 年起於聖荷西袖珍模型展（Good Sam Showcase of Miniature）參展。2014 年於《袖珍屋作家事典 2014》刊登作品，2017 年於《CreaAtor 15 袖珍屋 我的街道！新城市》（亥辰舍）刊登作品。

http://www.dollhouse-isako.com
dollhouse@dollhous-isako.com

ゆりこ

日本袖珍屋協會一期生，擁有木工與黏土講師資格。1999、2000 年參加電視冠軍袖珍屋王錦標賽，獲得第三代冠軍。參與《國際美術展》《東京國際微型模型展》，之後開設「atelier Y」。獲得內閣府認定「平成 16 年度生活達人」。於仙台市北上市舉辦個展。《Japan Guild 微型模型展》、大阪住居博物館展出。於芝加哥國際微型模型展參展，獲得 JDA 專家資格認定。於「Japan Expo in Paris」、米澤上杉博物館參展。

宮城縣仙台市青葉區
TEL&FAX.022-278-6760
http://yurikomini.com/
ysuzu@jcom.home.ne.jp

袖珍屋製作入門
昭和通商店街

出　　　版／楓葉社文化事業有限公司
地　　　址／新北市板橋區信義路163巷3號10樓
郵 政 劃 撥／19907596　楓書坊文化出版社
網　　　址／www.maplebook.com.tw
電　　　話／02-2957-6096
傳　　　真／02-2957-6435
寫　　　真／イ・ジュン
設　　　計／シマノノノ
編　　　集／島野 聡子
翻　　　譯／楊家昌
責 任 編 輯／王綺
內 文 排 版／洪浩剛
校　　　對／邱鈺萱
港 澳 經 銷／泛華發行代理有限公司
定　　　價／320元
出 版 日 期／2020年9月

DOLL HOUSE KYUHON vol. 6 -
DOLL HOUSE SYOUWADOURISYOUTENGAI
Copyright © 2019 ISHINSHA
Originally published in Japan by Ishinsha INC.,
Chinese (in traditional character only) translation rights
arranged with Ishinsha INC., through CREEK ＆ RIVER Co., Ltd.

國家圖書館出版品預行編目資料

袖珍屋製作入門 昭和通商店街 / 島野 聡子編
集；楊家昌翻譯. -- 初版. -- 新北市：楓葉社
文化, 2020.09　面；　公分

ISBN 978-986-370-227-6（平裝）

1. 玩具　2. 房屋

479.8　　　　　　　　　　109009595